協同組合研究のヌーベルバーグ

院生・若手からの発信

坂下明彦・朴　紅・小林国之・申錬鐵・高慧琛［編著］

Raison d'être 2

筑波書房

本書は
いささか昔めいた流行り言葉である
レーゾンデートルという言葉を冠した
農林中央金庫からの協同組合に関する
寄附講座（北海道大学）の企画により
出版される。

もくじ

第2部　農協をめぐる新たな動向

第3部　新たな労働力移動の波

第4部　東アジアにおける協同組織の展開

第5部　マスコミと農協・消費者

はじめに——農協と人口問題

坂下明彦

本書は、われわれの研究対象の中心をなす農業協同組合とその存立基盤をなす農業・農村問題に関する論文集である。これらの多くは、博士論文の作成過程で書き溜めたパーツのエッセンスからなっている。歴史以外は、フィールドワークによる研究手法をとっているため、ケーススタディの切れ味のよさが勝負どころであり、課題や結論の叙述は最小限にし、事例に語らせるという工夫をしている。

論文集ではあるが、各論文の対象領域によって全体を5つに区分している。一つ目は、農協の存在、その機能に関するものである。設立から70年を経て農協の存在感は批判の嵐にもかかわらず増している。ここでは、広域農協の運営における新たな組織力の発揮、農業の企業化の中での農協系統の新たな機能、独立系経済連の県域機能に関する再評価の問題が扱われており、歴史的視点から整理されている。二つ目は農協の現実的課題に関するものであり、4つの論文からなる。生活インフラ形成など北海道の農協の到達点を確認するもの、農家の先進技術に関する研究会活動と農協への波及プロセス、農協女性組織のあり方を府県の先進事例から探るもの、青果物の新たな流通企業からみた農協の販売事業への示唆などである。三つ目は「新たな労働力移動の波」であり、これはわれわれの研究としても新たな分野での成果である。都市から農村への人口移動の新しい動きを新規入植者の視点や農村労働者化の視点からとらえている。また、隣の韓国での外国人労働力の受け入れ実態を、主に韓国系中国人のケーススタディを通じて明らかにしている。4つ目の東アジアにおける協同組織の展開では、留学生およびそのOBによる韓国・中国の実態調査にもとづいた最新情報が示されている。養豚経営の協同組織化に関する日韓比較、韓国での農協強化策としての広域販売連の形成、中国での有機農業の展開と農民専業合作社、CSAの設立などである。最後のマスコミと農協・消費者では、ガイアの夜明けのMMJ問題を取り上げた他、現在注目を集めつつある倫理的消費とそのための日本型キャンペイナーの形成が提起されている。

このように15本の論文は力作であるが、われわれ世代からいうと構造問題的アプローチに若干の弱さを感じる。そこで、最初に農協の基礎をなす農家が人口問題の中でどうなっているのか、いくつかのデータを整理してみた。これにもとづいて、農家の相続、農家の家族形態について補足的に論じておこう。

農家の後継ぎ――農地の相続

農家戸数の減少は近年著しくなっている。1950年の農家戸数およそ25万戸は15年後の65年には

５万戸の減少で20万戸を維持していた。しかし、その20年後の１９８５年には半減して10万戸、さらに20年後の２００５年には半減して５万戸、２０１５年には３万８千戸である（農業センサス）。家族経営の断絶の要因は、経営の要素と家族の世代交代の要素に分けられるが、第二次大戦後の長い期間は前者、つまり経営問題による倒産や廃業が主流であった。しかし、近年は、後者の家族の世代交代がうまくいかないケース、後継者不在による廃業が増加している。

　そこで、農地市場のうち農家の世代交代、相続によって移動するものがどの程度を占めるのかを整理してみた。ただし、相続そのものの統計はないため、相続の前提としての生前贈与（自作地無償所有権移転）と使用貸借設定（この２つを併せて無償移動と呼ぶ）の動向を見る。**図０・１**は『北海道農地年報』から拾った数字である。１９６０年代半ばから70年代前半にかけては離農の多発期であり、年間４万～４万５千haの農地売買が行われて、農地市場の70～80％を占めていた。しかし、売買移動は１９７０年代後半からは激しさが収まってくる。それに代わって生前贈与（自作地無償移転）が増加を見せる。こ

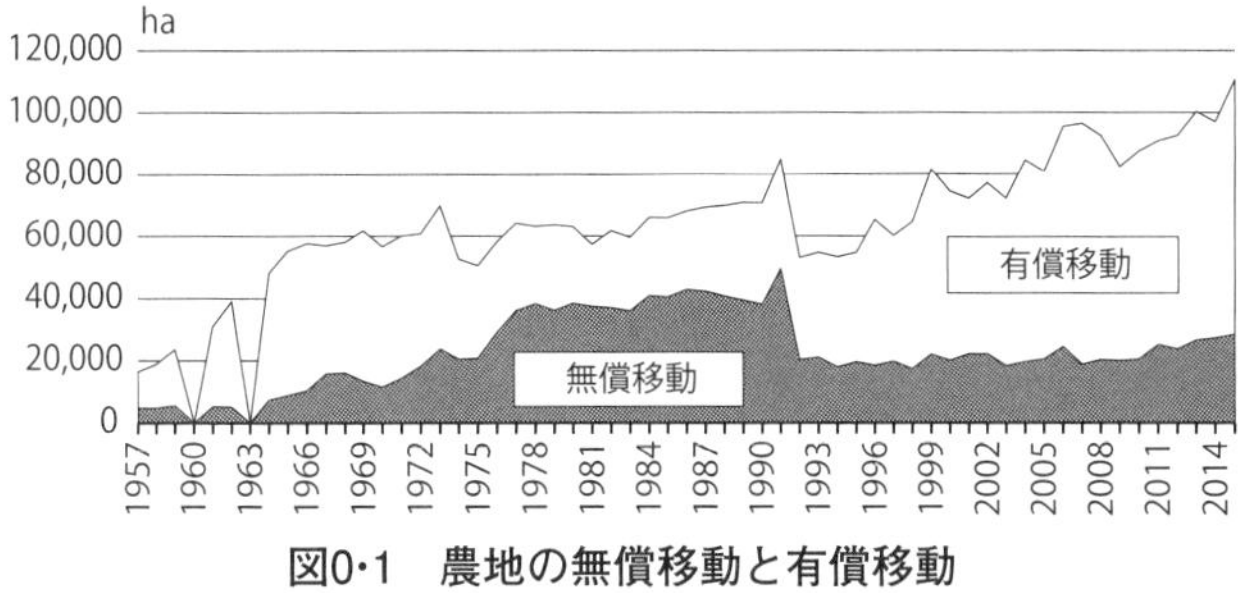

図0･1　農地の無償移動と有償移動

注）『北海道農地年報』により作成。

れは農業者年金（経営移譲年金）の普及によるところが大きい。１９９１年までの15年間で、毎年２万５千～２万haの実績を示している。１９７２年には経営移譲年金の受給要件が緩和されて使用貸借によるものも認められたため、これも増加を見せていく。両者を合わせ、無償移動は77年から３万haを超えて、４万ha台に達する。これを件数で示したのが、**図０・２**である。１９７０年代前半までは生前贈与（自作地無償移転）が圧倒的であったが、１９８８年には逆転し、以降一貫して使用貸借設定の割合が高い。

こうして農地市場に占める無償移動面積の割合は１９８７年までの10年間を通じて60％を示すのである。１９９１年には使用貸借設定の数値が跳ね上がるが、これは同年から年金改正が行われたための駆け込み申請によっている。年金支給の形態が終身同一水準支給のカマボコ型に変更になったのであるが、特例として従来の「ピストル型」給付（60歳から65歳に重点給付）が認められたことへの対応であった。これにより１９９１年には無償移動は５万haを記録する。

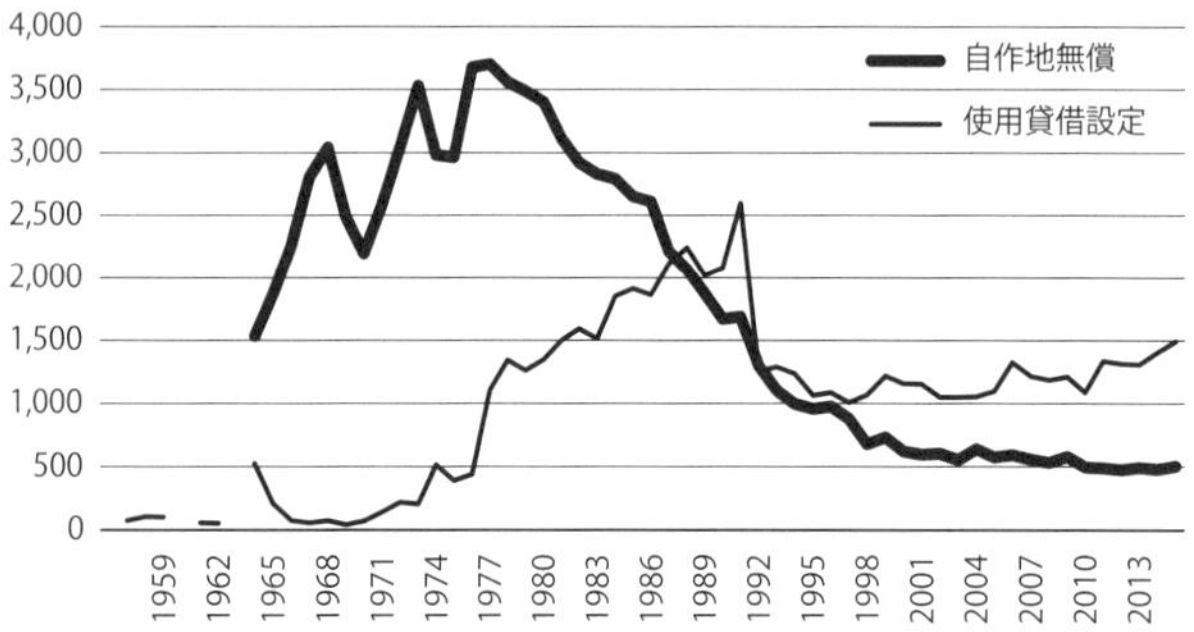

図0･2　無償移動（件数）

注）図0･1に同じ。

しかし、以降は年間2万haを割る水準となり、2010年代にはやや回復して2万5千ha程度となっている。これに対し、有償移動は自作地有償移動が1万5千ha～2万haの水準にあるが、賃貸借設定が急速に増大し、1991年には自作地有償移転を上回る。そして、2000年代には3万haから4万haとなり、2010年以降は年間5万haを超えるようになっている。

農地総移動面積は1991年の針のようなピーク8万haを境に激減したのち、次第に増加傾向にあり、10万haを超えるに至っている。その中で、有償移動は70～80％を占め、逆に相続の前提となる無償移動（使用貸借設定がほとんど）は25％程度の割合となっている。つまり、家族経営の存続のための世代交代に回る農地が低位安定的となっており、ここからも農家の減少が止まらない現実が現れている。

農家のかたち──家族形態の変化

日本の家族（世帯）が大きく変貌していることは、しばしば報道されている。**表0・1**は2015年の国勢調査から家族類型別の世帯数を全国と北海道について集計したものである。

全国でみると、親子二世代（核家族）が38％と辛うじてトップであるが、第二位は単独世帯で33％を占める。若者も多いが、独居老人も3分の1いる。第三位は夫婦世帯であり、その半数以上が高齢者である。日本の家族形態の基本とかつて言われた直系3世代世帯はわずかに5％である。世帯が小さくなり（2・4人）、高齢者が単独ないし夫婦で住んでいる割合が多いのである。北海道はというと、単独世帯がトップであり、夫婦1世代世帯の割合もやや大きく、高齢者割合がやや高い。こうした家族のかたちを保守派の人のように問題だというつもりはないが、これが現実である。

では、農家世帯はどうなっているのか。これに関する統計は少ないが、全くないわけではない。ひとつは、農業センサスの数字である。この２０００年の数字を**表0・2**に示した。これは総農家であるが、このほかに同年の販売農家の数字がある。しかし、その後は２００５年の販売農家以外、世代数別の集計はなされていない。表には全国と北海道のほかに東北と近畿の数字を示している。この時点での全国の農家世帯は３１２万戸（販売農家世帯は２３４万

表0・1　家族類型別世帯数と年齢別世帯員数（2015年）

単位：万人、%

家族類型		世帯数			世帯員		
		一般世帯	家族類型比率	高齢者含む世帯割合	全体	高齢者数	高齢者割合
全国	夫婦1世代	1,048	20.2	60.4	2,112	1,152	54.6
	単独世帯	1,684	32.5	33.4	1,684	562	33.4
	親子2世代	1,971	38.0	29.2	6,603	845	12.8
	夫婦親2世代	93	1.8	95.4	323	149	46.1
	3世代世帯	236	4.6	91.4	1,259	318	25.3
	総　数	5,187	100.0	41.5	12,410	3,127	25.2
北海道	夫婦1世代	56	23.7	59.9	114	61	54.2
	単独世帯	88	36.8	34.6	88	30	34.6
	親子2世代	79	33.2	27.6	258	32	12.4
	夫婦親2世代	3	1.6	96.8	12	5	46.4
	3世代世帯	5	2.2	88.1	26	6	23.3
	総　数	239	100.0	40.7	515	140	27.2

注1）2015年国勢調査抽出速報集計14-2（e-Stat）により作成。
　2）他の親族を含む。
　3）家族類型16区分のうち主な13区分を表示。

表0・2　農家の世代数別世帯構成（2000年）

単位：1,000戸、%

	1世代	2世代	3世代	合計	1世代	2世代	3世代
北海道	19	29	22	70	27.2	41.6	31.2
東北	68	214	225	507	13.5	42.2	44.3
近畿	58	140	109	308	19.0	45.4	35.6
全国	620	1,355	1,145	3,120	19.9	43.4	36.7

注）農業センサス2000年により作成。

戸）である。2世代世帯が43％（同43％）で最も多く、次いで3世代世帯が37％（同39％）、1世代世帯は20％（同17％）である。これに対し、東北では3世代世帯が最も多く44％であり、近畿では2世代世帯が最も多く45％である。バランス的には近畿が全国値に近い。北海道の農村は東北に近いといわれるが、3世代世帯は31％と最も低く、2世代世帯も42％と全国より低い。相対的に高い数字を示すのが1世代世帯であり、27％と際立っている。どうも、北海道は近畿に近似的でその先を行っているような印象を受ける。

このほかの統計では、2010年までの国勢調査に農業（正しくは農林漁業）と非農業従事者世帯の区分と世帯類型のクロスデータがある。それを2010年について示したのが**表0・3**である。北海道については農家世帯数が10万戸、専業農家世帯が7万戸となっており、漁家の数字が入っているようであるが、全世帯との比較は可能であろう。これによると、農家世帯では3世代世帯が20％であり、全世帯の4％と比較すると極めて高い。ただし、農業センサスの数値と比較すると割合は低下しているように思われる。最も

表0・3　農家の世帯類型別世帯数（2010年）

世帯類型		農家世帯 専業農家	農家世帯 兼業農家	農家世帯 小計	全世帯
北海道	総数	100.0	100.0	100.0	100.0
	夫婦1世代	25.9	17.7	23.2	24.2
	夫婦親2世代	9.4	5.1	8.0	1.8
	親子2世代	28.5	54.9	37.0	34.2
	3世代世帯	18.1	24.3	20.1	3.9
全国	総数	100.0	100.0	100.0	100.0
	夫婦1世代	37.1	8.9	22.7	20.0
	夫婦親2世代	9.2	8.7	8.9	2.1
	親子2世代	24.8	40.5	32.8	37.4
	3世代世帯	12.2	45.8	29.3	7.1

注1）国勢調査により作成。
　2）家族類型のうち主な13区分を表示。
　3）合計には分類不能世帯を含む。

多いのが親子2世代であり37%を占めている。続いて夫婦1世代であり23%を占めており、3世代世帯より高くなっている。専兼別では専業農家で夫婦1世代の比率が高くなっており、これは高齢農家の存在を示しているといえる。実数では3世代世帯が2万戸、親子2世代が3万8千戸あり、家族経営はまだ堅実であるといえる。しかし、人口減少に対し、家族経営はもろさを持っており、家族間の協業的関係をいかに図るかは古くて新しい課題であるといえる。

第1部　農協の発展と存在感

Ⅰ　合併農協における新しい組織力

小林国之・河田大輔

協同組合という言葉から生協や農協、漁協などを思いつく人は多いだろう。では、協同組合とは何なのかを改めて問われると、「はて？」とおもう方も多いのではないか。

いま、農業では「競争原理」の導入こそが生き残りの手段だという論調が声高となっている。そうしたなかで「協同組合」は、競争を妨害し、弱者を生き延びさせるためのしがらみのようにいわれることがおおい。だが、競争の原理だけで自分の暮らしを維持できるのか。自分の暮らしの場面を具体的に振り返ってみると、競争原理とは異なる様々な価値観で成り立っていることに、すぐに気づくはずである。

戦後の日本農業を支えてきた制度や仕組み、価値観がいま、相次いで「改革」の名の下に壊されそうとしているなかで、これからの農業や農村、食や暮らしを維持していくために必要な仕組みまでも取り壊してしまうのではないか。協同組合が大事にしてきた「価値」は、本当に必要ないものなのだろうか。歴史をふまえながらも、これからの協同組合について考えていく。具体的には、農協の運営、経営の面から農協の組織力についてJAきたみらいの経験をもとに話を進めていく。

1 合併農協における新しい組織力

JAきたみらいは、2003年2月に北海道オホーツク管内の8農協が合併して誕生した農協である。正組合員数1、125戸（2014年度）、販売取扱高393・9億円（2014年度）は全国でも有数の規模である。出向く営農指導、出向く購買事業など先進的取り組みをおこなっている農協である。

協同組合と株式会社の違いを企業形態の違いとして見た場合、最も違う点が「組織力効果」である。利用者である組合員が設立した農協は、その前提として何よりも組合員が利用するために組織した企業体である。

いわゆる「おらが農協」という意識が組織力効果の源泉であるが、一方でこうした素朴な帰属意識だけでは、これからの農協の組織力の源泉にはなり得ないことも事実であり、合併をすればなおさら帰属意識は薄くなる。農協合併までの経過をたどりながら、農協合併とはどういうものなのか、農協の組織力とは何かをみてみたい。

JAきたみらいの合併に向けた協議の直接的な始まりは、1996年の常呂ブロック農協経営研究会であるが、それ以前にも北見市内3農協（北見市、相内、上常呂）の合併失敗の事実（研究会発足前）があった。また、大きな財務欠陥がない8農協であったため、合併しなくても問題のない状況であった。

1996年8月の「合併研究会」では議論は行ったが合併には至らなかった。この経験を踏まえて、1999年5月に組織された「検討委員会」では、タイミングが大事だという認識を持っていた。単協間での合併に対する温度差が明確になり委員会の開催が中断することもあったが、当時の委員長であった高橋訓子府町農協組合長の合併への決意が議論を進めることとなった。

合併推進に向けて大きく組織が動き出す契機となった2001年11月開催の合併検討委員会で、委員長は、「1996年に各組合長の判断で研究会を発足したが想像していた以上の厳しい環境下となっている。その中、大同団結が必要であり、合併が最良の方法である。それぞれ50年の歴史の中で1つのものにするのは難しいが、組合員の負託に応える理念は変わらない」と挨拶している。

JAきたみらいの合併は「将来を見据えた合併」として取り組まれたが、その過程で重要視したのは次の点であった。一つには時間をかけ過ぎないという点。以前の「研究会」では議論を慎重に進めすぎたため、熱が冷めたという経験があった。そこで、議論は慎重を期すとともに、スピード感を重視した。つぎに、合併に際して「大義」を明確にしたという点である。経営危機など直接的な合併の契機がなかったJAきたみらいにおいては、農協毎に開拓、入植の歴史をベースとする「国民性」の違いがあった。そうした中で合併を進めるためには、将来を見据えた「大義」が必要となったのである。

こうした大義は、農協の賦課金のあり方を決める際にも重要となった。各農協で大きな違いがあった賦課金統一の議論は、単なる金額の統一ではなく、新しい農協の営農指導事業の位置づけという農協事業の根幹に関わる論点であった。そこで、営農指導を第一義とし、販売・購買も営農指導を根幹とする業務体制とすることを確認している。この点がまさに農協合併の大義ともなったのである。つまり、経営合理化のための農協合併ではなく、農家戸数が減少する中で、組合員により高度な営農指導と経済事業の体制を構築する、ということを合併の大義として掲げたのである。

さて、組織を変える場合、株式会社では1株1票という力の原理で決定がおこなわれる。人的結合組織である協同組合の原理は1人1票であり、1人1人に納得をしてもらうことが必要となる。あたらしい農協に対する帰属意識をどう作っていくのか。「利用するのが当たり前だ」ということでは組合員は納得しない。JAきたみらいは、そこはしたたかに、合併による経済的なメリットを「見える化」しつつ、徐々にあたらしい農協としての組織力を醸成していった。組織は理念だけや、経済的メリットだけで動くものではない。組織の変化はその両方を絶妙に折り込みながらおこなわれるのである。

2　農協合併メリットの見える化

農協の合併過程において大義は重要なことは言うまでもないが、実際にはそれだけでは人は動かない。いかにして合併農協としてのメリットを見える化しながら、合併農協に対する「帰属意識」、つまり「おらが農協」という意識を作っていったのか、その舵取りの軌跡をつぎにみてみよう。

合併農協においては、合併後直後は目に見える様々なメリットを組合員に還元することで、新たに誕生をした農協への理解を増進し、組織の力の維持につながるための取り組みを行う。その方法は、手数料・利用料を低い農協に合わせるなど直接的な方法がある。一方で事業・組織体制については、管理部門などは本所へ集中する一方で、営農販売事業に関しては、旧農協単位での事業体制を維持する事例が多い。JAきたみらいも同様にいわゆる「小さな本所、大きな支所体制」を合併直後には採用した。こうした過程はいわば合併の「激変緩和措置」である。

JAきたみらいはすでに述べたように将来を見据えた合併であった。その意味からこうした合併メリットの目に見える形での還元は、組合員の合併への理解をもたらす上で必要不可欠な対応戦略であった。

合併メリットを組合員に見える形で還元するためには、その原資としての経営の合理化が必要となる。JAきたみらいは合併によるメリット還元に必要な原資の確保として、事業管理費の削減を行った。しかし合併後人件費、業務費などを大幅に削減したがその効果が現れるには時間がかかる。一方で、手数料は低い旧農協の水準に合わせるなどするため、経営としては我慢をしながら組合員への合併メリットの還元を行った。

実際に農協経営の成果としての事業総利益、事業利益、当期剰余金の推移を見ると、合併直後は減少傾向を示している。そしてようやく2011年頃から当期利益金が上昇する局面を迎えている。つまり新農協誕生後、経営合理化には一定の時間が掛かりながらも、組合員には目に見える形でのメリットの還元をするため、経営としては我慢の時期を過ごすことになったのである。

合併メリットの還元として多くの農協でまず行われるのが各種利用料の低減である。JAきたみらいでは賦課金及び手数料率の統一を行った。賦課金は中庸に合わせ、手数料率は概ね低いところに合わせている。そうすることで、組合員負担の面では、支所単位で差はあるが総体的に負担軽減となった。たとえば、地域の特産品である玉ねぎの販売手数料は、合併前は旧農協間で2・3～3・0％と幅があったが、合併後には2％とした。

施設利用料については、旧農協毎に施設投資に伴う負担の考え方が異なっていたため、統一することは簡単ではなかったため、農協は施設整備の再編計画を樹立しながら、中期的に利用率を統一するという方針で対応してきている。

以上のような各種利用料率の低減によって、組合員の負担軽減という視点からみた合併直後の経済効果として、農協は経済部門だけで約8億円と試算した。この金額は合併初年度である2003年度取扱計画、または取扱数量等に対して合併前の旧8JAの料金・料率と合併後の新たな料金・料率ならびに奨励措置をもって組合員負担の比較をおこなって算出したものである。

この金額の要因としては内的要因として手数料、保管料、利用料等の料金料率の軽減ならびに施設費、人件費などの負担軽減によるものである。外的要因としては、合併によるスケールメリットをホクレンならびに取引企業等に求めたもので、各種奨励措置の増額、選果料、各種運賃などの料金改定であった。

このように合併メリット還元の源泉は、経営合理化などによって生じる経営の余剰である。この余剰の考え方に協同組合の特質が現れているため、それについて触れておく。

株式会社などでは一年間の事業を通じて最後に残った金額を「当期純利益」とよぶ。営利企業体はその利益を株主に配当することを目的として事業をおこなう。一方、農協ではそれを利益ではなく「当期末処分剰余金」と呼ぶ。協同組合は、組合員が自らに必要な事業を利用することを目的に設立するものである。原則的には、一年間の事業に必要な費用を見込んで、手数料または賦課金という形で費用を徴収するということになる。しかし実際に1年間その事業をおこなった結果、手数料等による収入と実際の費用との差額は様々な要因によって増減する。そしてそれがプラスになった場合には、利用に応じて組合員に戻す、または将来に備えて農協が積み立てをすることになる。それは、一年間事業を通じて手元に残ったお金であるという意味で外見上は同じに見えるが、その意味は当期純利益とは根本的にことなる。改正農協法によって、農協の目的が農業所得の増大にあると明記されたが、その根底には、農協が金儲けをしてそれを組合員に還元せよという発想がある。しかしこれは協同組合における利益と剰余金の違いの持つ意味、つまり事業利用を前提に利用者が作った組織であるという農協の重要な特質をみずから否定しているといえよう。

さて、JAきたみらいの合併後の舵取りを模式的に整理したものが**図1・1**である。合併直後の「激変緩和措置」として、旧農協を支所として残しながら組合員との接点を維持し、その一方で合併に伴う経営合理化のメリットを追求しながら組合員へ直接的な合併効果を還元する。これは、旧農協がもっている組合員のつながりである組織力を活用するという戦略である。しかし、いつまでも旧農協の組織力に頼ることはできない。メリット還元の原資を生み出すために経営合理化だけをおこなっていたのでは、徐々に農協の経営基盤も縮小してしまう。そこで、ある時点で新たな農協として組織力効果を発揮できるような体制に舵を切る必要がある。この時期に適切に新たな農協の組織力強化に向けた体制へと転換することができるのか。その点がその後の農協のあり方を決定的に左右するポイントなのである。

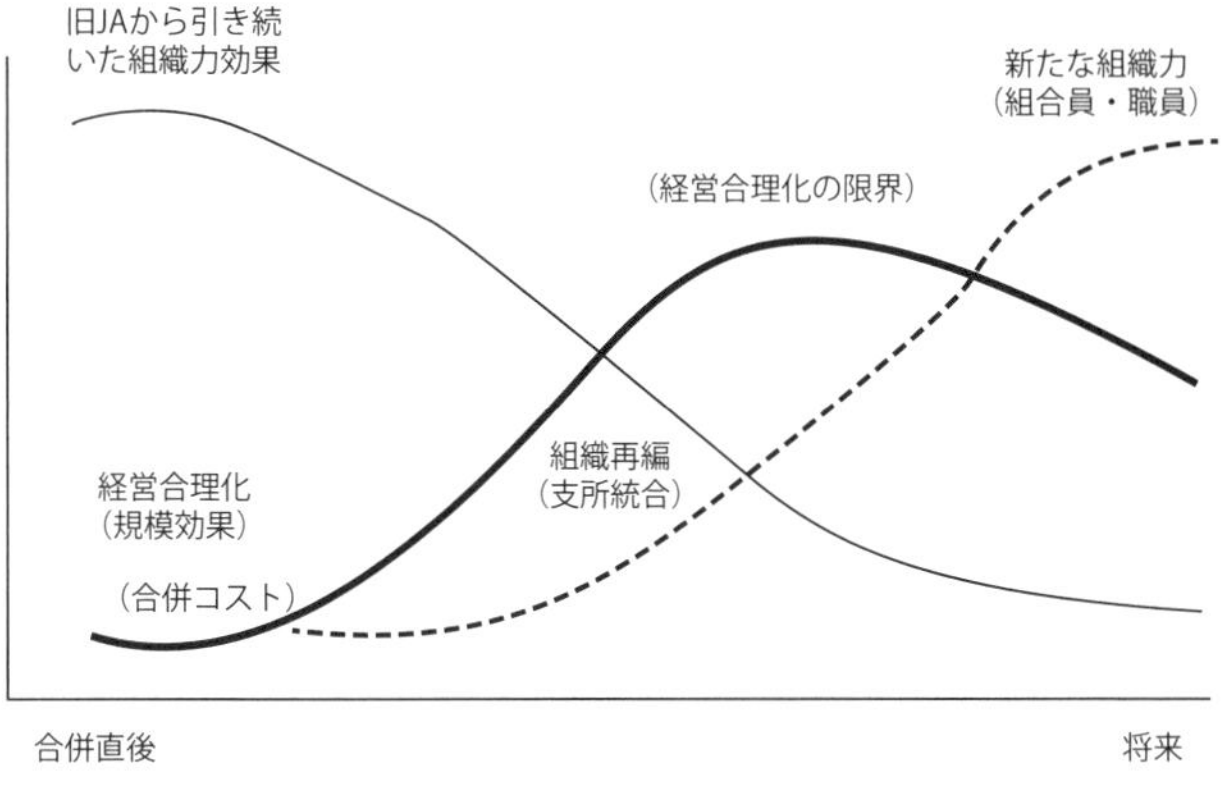

図1・1　合併農協における経営合理化と組織力の変化

注）河田大輔「合併による新農協の経営合理化と組織力強化関する研究」2017より引用。

そして、ＪＡきたみらいではそのポイントに「出向く営農指導体制の整備」と「人的資源管理」というキーワードで新たな組織力の形成に取り組んだのである。

３　人を核とした組織力醸成への挑戦

ＪＡきたみらいは合併当初の「小さな本所、大きな支所」体制から、２００９年６月にあらたな体制へと舵を切った。それが「支所の廃止」と「出向く営農指導体制」の整備である。

支所の廃止によって、当然懸念される組合員との心的・物理的距離の拡大に対して、職員が直接組合員に出向くという業務体制を整備した。農協合併によって効率化された業務によって「浮いた」人材を積極的に営農指導事業に振り向けたのである。営農指導事業は直接的には収益を生まない部門であるが、「営農指導事業を核とした農協」という合併農協の大義を実現するための果敢な舵取りであった。営農担当部署の職員数は機構改革前後で73名（正職員59名、準職員14名）から94名（正職員87名、準職員7名）へ増員した点に、その決意が表れている。

「出向く営農指導」の目的は組合員に対する「総合窓口」としての役割を果たすことであったが、当初はその目的を十分には果たせなかった。単に出向くだけでは組合員とのつながりは生まれない。そこで農協は組合員の懐に「入り込む」ための鍵として「技術」に注目した。例えば、組合員と投資計画についての経営相談をしても、計画の実現を裏付ける目標収量達成の栽培技術指導が必要になる。つまり、技術に裏付けられた相談業務を実現することで組合員との信頼関係が醸成されるとの認識から、2012年には出向く営農指導の業務内容を再編し技術相談業務の強化を図ったのである。

そこで力をいれたことの一つが、職員の人材育成である。職員の専門性涵養（スペシャリスト）を入り口として、その後にジェネラリストとしての発展の土台を築く。そしてそのプロセスを通じて、組合員の多様化する営農指導ニーズにも対応しようという方策をとったのである。

具体的取り組みにはいくつかあるが、一例をあげよう。出向く営農指導担当職員を技術について組合員と日常的に議論する場である生産組織の事務局に配置する体制とした。また、「作物別技術担当」業務において、職員は「相談業務」をおこなっている地区の主担当となると同時に、他の地区の同一作物についての副担当となることになった。農協の営農指導に関する技術情報の中で重要なのが、他の地区や組合員の技術情報の横展開である。職員を地区横断的に担当させることで、担当作物についてより幅広い情報提供を可能とし、組合員へ提供できる情報の質を向上させようという狙いである。

JAきたみらいがこうした方策をとったのには合併当初から、職員育成に体系的、積極的に取り組んでいたという背景がある。そのなかでも、合併後6年を経過した際の中期計画で提起された「人的資源管理」の考え方が重要である。

2008年に策定した第3次地域農業振興方策・中期経営計画において、新たな経営理念の確立とともに、人材育成のための方針も策定された。これが2009年2月にまとめられた「役職員行動規範並びに人的資源管理基本方針」である。この方針の「はじめに」では次のように述べられている。「これまでの人事労務管理の課題は、経営資源（人、物、金、情報など）の管理により効果的に活用し、ＪＡの事業目標を達成していくことと考えてきました。しかしながら、一般的に『人事労務管理』は、労働者は生産要素の一つと見なし、代替可能なコストとして考えられています。こうした『人事労務管理』的発想は、人的結合を組織特性とするＪＡにおいては、協同組合理念と齟齬をきたしているともいえます。したがって、これからは、生産要素理念に基づく『人的労務管理』から脱却し、協同組合理念に立脚した、職員を自ら成長する貴重な戦略資源と考える、『人的資源管理』への名実ともに転換している必要があり、人事労務管理＝『戦略的人的資源管理』という考え方を基本理念としました」と、その目的を語っている。

人的資源管理は重層的・体系的な研修制度、能力給の導入などさまざまな仕組みによって成り立っており、それらが連動しているという点が重要である。

例えば、能力給についても単にそれだけを導入するのではなく、人材育成、業務管理、さらには農協経営計画と連動させる工夫がされている。起点となるのは農協の中期計画であり、それから単年度の経営計画が策定される。単年度計画は部門別、グループ別の業務目標にブレイクダウンされ、人事管理を担当する管理職はその目標を元にして、個別職員の業務目標が記載される「チャレンジシート」に落とし込む。管理職は、そのシートをもとにして、中間面接、人事考課を行い、最後には育成面接という今後の人材育成の課題についても洗い出し、今後の研修計画などに反映させるという仕組みである。組織目標（中期経営計画、単年度事業計画）を部門目標、職場目標、個人目標へブレイクダウンすることで、ＪＡ全体の組織目標を個人目標へ連鎖させている。職員一人ひとりが設定した目標を達成した結果、組織目標が達成されることで、経営管理と目標管理との連動を図るという狙いがそこにはある。つまり、１人１人の日常の仕事を農協全体ひいては地域農業の将来に結びつけるというしくみである。

地域農業の将来像とそこでの農協のあるべき姿。そしてそれを実現するために必要な業務体制と職員像。ＪＡきたみらいはそれらを連動させる取り組みによって、新たな農協としての組織力強化を図っている。出向く営農指導を担当する職員についても、育成目標を「早期に重要課題を解決するため、地域性に適合した最新の情報をもち、迅速に且つ親密さを持って相談にのることができる職員」と定めて、それにむけたＯＪＴの体制を整備してきている。別の視点から見ると、出向く営農指導は職員育成の場としても位置づいている。

ＪＡきたみらいの職員は、北海道内の農協と比較しても非常に高い各種の資格取得率を示しているが、この要因を解釈すれば、職員にとってみずからの能力向上が農協経営そして地域農業に結びついている姿を想像することができるという点にあるのかもしれない。大型合併農協としてスタートしてすでに13年が過ぎ、組合員、職員ともに旧農協を知らない世代も増えており、今後は彼ら・彼女らが農協の中心となっていく。営農指導事業を核として、組合員と職員が緊張関係をもとにした信頼でむすばれることで、農協の新たな組織力が日々醸成されているのである。

【関連研究】

(1)河田大輔・小林国之「広域農協における〝出向く営農指導体制〟構築の意義――きたみらい農協を事例として」『農経論叢』65集、２０１０

(2)河田大輔「合併農協における営農指導事業と営農指導員の育成方策に関する研究――北海道における産地形成型合併農協を対象として」『にじ　協同組合経営研究誌』６３８号、２０１２

(3)河田大輔・小林国之ほか「組合員の営農指導ニーズに対応した出向く営農指導の変遷と機能変化――ＪＡきたみらいを事例として」『協同組合研究』35巻2号、２０１６

(4)河田大輔「合併による新農協の経営合理化と組織力強化に関する研究――ＪＡきたみらいを事例に」『北海道大学大学院農学研究院邦文紀要』34巻2号、２０１７（学位論文）

(5)河田大輔「ＪＡきたみらいの学習活動――組合員・職員・役員の体系的な学習と学び合い」『人事・教育report』全国農業協同組合中央会、５９８号、２０１８

II　農業の企業化と農協の新たな機能——採卵養鶏業を対象として

大森隆・坂下明彦

規制改革（推進）会議などの一連の議論では、日本農業の担い手は今後参入を目論む企業を対象としているようである。そうなれば、家族経営を構成員とする農協はいらないということになる。本当にそうなのだろうか。以下では農業の企業化が進展している採卵養鶏業を素材にしてそこでの農協の新たな機能について問題提起を行う。

1　採卵養鶏業の近代化と養鶏団地

たまごの位置づけ

日用食料品の中でも、鶏卵は比較的安価で良質な蛋白源として国民にとって欠かせない食料品の一つであることは言うまでもない。卵は物価の優等生などと異名を持つほど長年安定した価格を推移し、どこのスーパーでも特売チラシで目玉になるほどの人気食料品である。売り場では欠品することなく、全国的にも国内生産需給率は１００％となっている。

鶏卵には生鮮食料品としての次のような特徴があると考えられる。一つは、消費時点までの鮮度が重要な意味を持つこと。二つ目は、そのまま何も手を加えず食用になること。三つ目は消費サイクルが早いこと、ではないだろうか。

鶏卵の国民一人当たり消費量は、戦後伸び続け１９７２年には最高の14・９kgを記録したが、それ以降の消費は伸びず、徐々に下降を示し、需要は低下している。北海道では１９８７年に10万トンを超えて以降、生産は停滞的であるが、移出入はほとんどなく、自給率は１００％である（図１・２）。北海道の農産物自給率は２００％（カロリーベース）というが、実際道民が家庭で食べている自給率（食卓自給率）は50％程度とされるから[1]、この成果は高く評価されるべきである。以下、その展開史を素描しよう。

副業としての養鶏

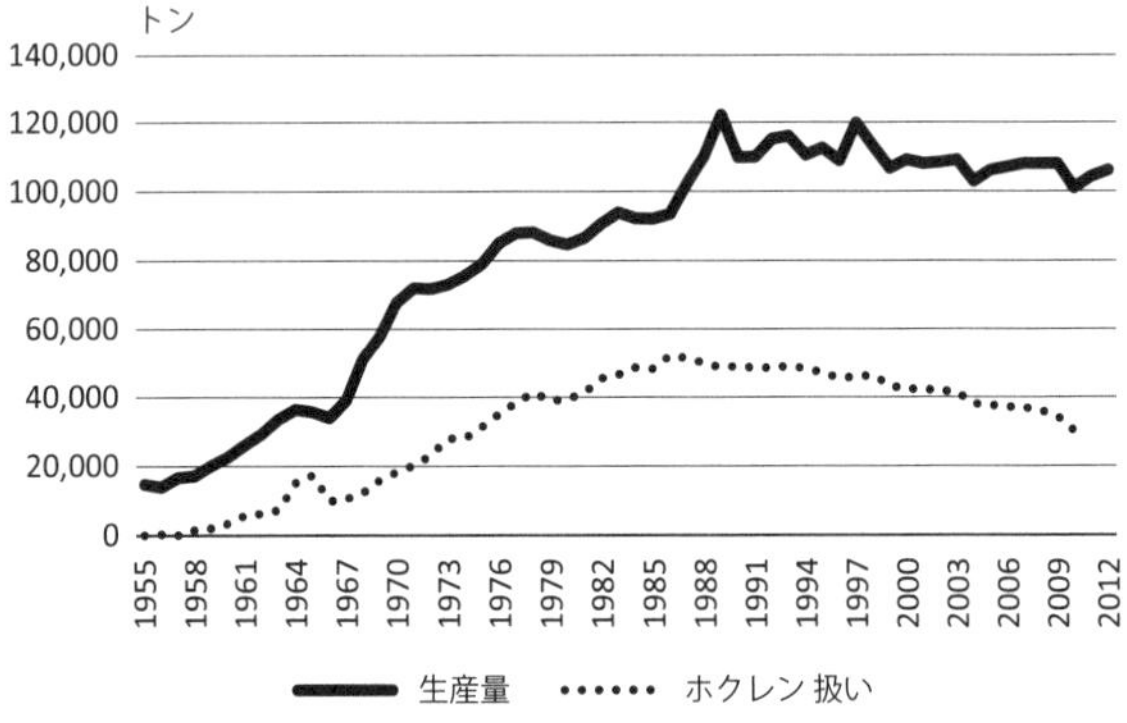

図1·2　北海道の鶏卵生産と系統利用の推移

注）ホクレン資料により作成。

明治期北海道の当時の養鶏の様子を示す興味深い記述を紹介しよう。「鶏を飼うのではなく、鶏を置くのである。冬の雪の中、鶏はどこへも出ようがないから人の手から玉蜀黍とか稲黍を与えるようなもの、朝雪が消えたら最後、鶏は勝手に戸外へ出かける。樹林、草原、圃場は彼らの運動場である」。これは雑誌『日本の家禽』に寄せられた１９０９年の北海道十勝の養鶏の姿である。

この時期の養鶏は後に「鶏舎」と呼ぶ施設はまだ登場していない。鶏はほとんど放し飼い、よくて敷地内に簡単な囲いをする程度であった。１９０６年の農林省統計では、全国の飼養戸数は2、６７４戸、飼養羽数は1万6、０４４羽、１戸当たりの羽数は6羽、鶏卵生産量は5億8、９００百万個となっている。

全国的に飼養戸数と飼養規模は時代とともに増加していくのだが、北海道における採卵養鶏業は、戦中、戦後の食糧不足や飼料不足から、戦後間もない時期までは5から10羽飼養程度の飼養羽数が大多数で、自家消費以外の余剰卵を販売するという農家の副業であり、小規模自給的経営が一般的な形態であった。

１９６０年代に入ると、一戸当たり50羽未満の農家が主流を占めるようになり、副業である鶏卵の販売が現金収入となっていった。鶏卵は俗に「鶏は日給、乳牛は月給、豚はボーナスで、コメは年期奉公」などと比喩され、生産物としての現金化の容易さがうまく表現されている。１９５５年における鶏卵価格は２０５円／kg、２０１６年が（8月平均）１８０円／kgであるので、物資欠乏の時期とはいえ高価な食料品であり、農家にとってはまさに貴重な副収入であったと言える。

１９４９年には鶏卵の価格統制が廃止され、続いて１９５０年には飼料統制が廃止された。さらに１９５２年には「飼料需給安定法」が制定され、飼料需給の円滑化により養鶏業は規模拡大が加速する。しかし、北海道では鶏卵の供給は道内の生産量では満たされず、１９６６年の１万１、４６６トンをピークとし、１９８２年に道外移出入の逆転時期をみるまで本州からの移入に依存していたのである。

全販連に対抗した養鶏団地の形成

高度成長期をむかえる中、１９６０年には「養鶏振興法」が制定され、増々養鶏は盛んになる。当時はまだ鶏卵不足地であった北海道にも商系資本による大型養鶏場が上陸、不足する北海道の鶏卵市場への参入をはかったが、さらに全販連（全農の前身）が北海道に進出した。

同じ農協系統の全販連の道内進出に当惑したホクレンは異議を唱えたが、「道内生産者の中に、全農の北海道生産基地を作るという話に手をあげた生産者が現れ、鶏卵問屋を含め北海道鶏卵業界が二分する事態になった」と当時のホクレン担当者は述懐している。

系統の全農グループとホクレングループとの鶏卵の販売戦争が始まったのである。これが契機となり、ホクレンは１９６７年から北海道内24農協を結集し、養鶏振興の成果を残した養鶏団地を形成した（**表１・１**）。

この系統農協による養鶏団地は、従来よりは規模がやや大きいものの、商社系企業に比べると生産が零細な農家養鶏を結集した「協同組合方式」が主体となっていた。当時の北海道の人口を考えると、３５０万羽から４００万羽が上限であり、そのうち２５０万羽を生産すれば市場を握れるという構想であった。そのシステムは、鶏卵生産は個別であるが、飼料や雛の購入、そして鶏卵の販売先はホクレンに一元化するというものであった。システムが構築され、次々と養鶏団地が開設され、１９８０年には北海道鶏卵市場の60％以上を占有するようになった。

養鶏団地の結末

しかし、農家、農協が期待した養鶏団地ではあったが、当時流行した鶏病のマレック病などの伝染病対策、コストや鶏卵市場対応のスピード面などで商社系に苦戦した。

農林省が打ち出した生産調整政策もまた、結果的に商社系企業養鶏の肥大化を側面から促進し、養鶏団地などの農家養鶏を追い詰める要因となった。なぜなら、違反者に対しての罰則がせいぜい価格安定基金の利用と補助金・融資の停止に止まり、ヤミ増羽を阻止できなかったからである。さらに、商社

表１・１　農協養鶏団地の推移

単位：百万円

	農協数	うち販売1億円以上	取扱額	1農協平均
1960	12	8	80	7
1965	17	3	453	27
1970	19	7	1,808	95
1975	20	15	4,191	210
1980	19	14	4,010	211
1985	17	10	3,048	179
1990	17	9	2,403	141
1995	14	5	1,676	120
2000	11	3	1,187	108

注）『北海道養鶏百年史』、『農協要覧』により作成。

系企業養鶏が倒産した養鶏場を吸収合併して生産枠を確保し、増産期には資金力をバックに生産枠を独占できたからである。

系統の養鶏団地事業は企業養鶏との競争に勝てず、市場からの撤退を余儀なくされた。一方、この間零細飼養規模の農家養鶏の廃業が多出した。集積の結果、飼養羽数と鶏卵の生産量は著しく増大し、現在では農家による「小規模養鶏」はほとんどが廃業し、鶏卵生産量の約70％は飼養羽数20万羽以上の養鶏企業によって担われている。このように、商社系企業養鶏のシェアが拡大し、ホクレンに集結している養鶏農家や養鶏企業の比重は低下傾向にある。

2　鶏卵のフードシステムと生産主体の寡占化

ここではフードシステムという鶏卵生産の入り口から出口までの流れの変化を観察してみる。これは規制改革推進会議が2016年11月の「農協改革に関する意見」で問題にした資材流通と農産物流通に当たる。大規模化した鶏卵産業の実態はどうなっているのかを示してみたい。その上で、ここ5年間でさらに進んだ鶏卵産業の寡占傾向についても触れておこう。

1980年の鶏卵のフードシステム

まず、**図1・3**を見てみよう。これは30年少し前の鶏卵のフードシステムを示している。ホクレン

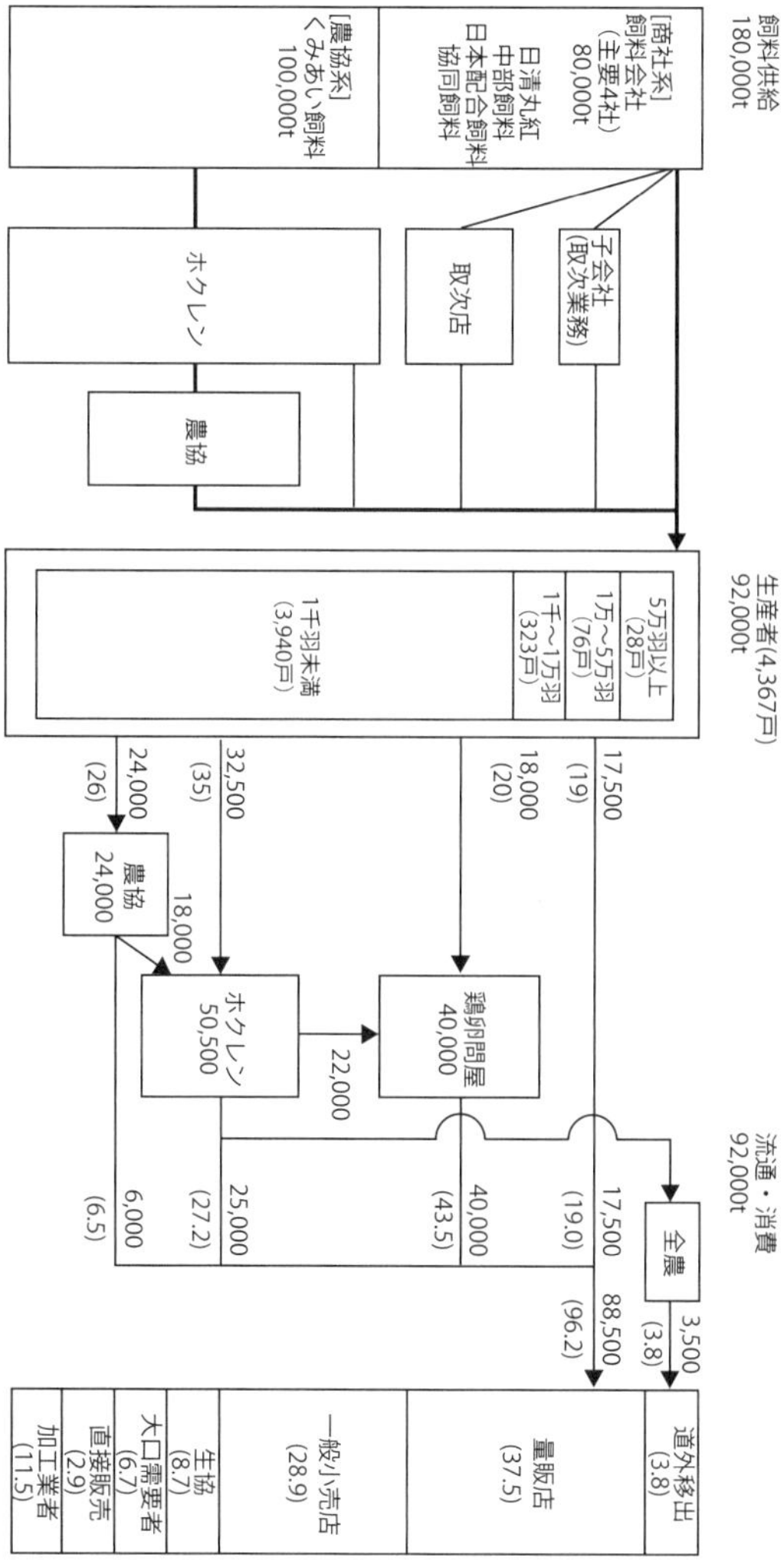

図1・3　1980年頃の鶏卵フードシステム

注）大森他「鶏卵のフードシステムと系統農協の機能変化」『農経論叢』67集より引用。

の記念誌に加筆して作成したものである。まず、入り口の飼料供給では、総供給量18万トンのうち農協系（くみあい飼料）が10万トン、56％を占め、商社系４社が残り８万トンを供給している。農協系の飼料はホクレン―単協を通じて生産者に、商社系のそれは直接、あるいは子会社・取次店を通じて生産者に供給されている。生産者は４､３６７経営であり、５万羽以上が28経営、１万羽～５万羽が76経営と多羽数飼養者が出現しているが、いまだ1万羽未満が４､２６３経営（うち千羽未満が３､９４０経営）で全体の90％を占めている。つまり、この層の多くがホクレンを中心とした養鶏団地の構成員なのであり、当然飼料の供給も農協であった。

では、出口の方をみよう。鶏卵の流通量は９・２万トンであるが、移入はゼロ、移出も３千トンとほぼ道内自給である。小売の形態ではすでにスーパーマーケットが38％の割合を示し流通の変革期にあったが、一般小売店も29％と健在である。この頃、鶏卵はまだ肉屋などで売られていた。ここに繋いでいたのが鶏卵問屋という卸の存在である。すでに減少傾向にあったが、それでも札幌始め道内各地に29社ほどあった。以前の運搬は木箱で木屑に卵を入れて運搬していたが、この時期にはパック詰めに変わっていた。問屋は生産者、ホクレンからほぼ半分ずつ４万トンを仕入れていた（44％）。スーパーマーケットへは生産者から１・８万トンが、ホクレンからは２・５万トンが直接販売されている。ホクレン経由の販売をみると農家から農協を通して売られる２・４万トンはほぼ鶏卵問屋へと経由され、農協を通さずに生産者から直接ホクレンに販売される３・３万トンはスーパーに直売されているようである。後者の生産者は企業化した大規模農家であると見られ、後にこれが一般化する。金額ベースでみると、総生産額248億円のうち、農協取扱額が66億円（27％）、ホクレン取扱額が137億円（55％）ということになる。

2010年の鶏卵のフードシステム

この30年後、2010年現在の鶏卵のフードシステムを示したのが、つぎの**図1・4**である。

まず、入り口の飼料供給である。大きな変化はそれが18万トンから23万トンに増加したこと、農協系（くみあい飼料）の扱いが10万トンから4・5万トンへと減少したことである。この結果、商社系は日本農産が新たに参入して5社となり、取扱も8万トンから19万トンと2・3倍に増加している。それぞれの取扱量は3～4万トンで、大きな差はみられない。

生産者についても大きく様変わりしている。生産者は80経営まで激減したが、商社系のA社が5万トン、50％のシェアーをもち、飛び抜けている。第二位の商社系B社は1万トンである。ホクレン系は主要5社で3万トンとなっている。全体が90経営であるから残り1万トンを70経営ほどで生産していることになる。農家から企業への大転換が起こったのである。むろん、この中には、平飼いなどの小規模飼養農家はカウントされていない。

生産者が寡占化するなかでの、飼料6社体制を規制改革推進会議はなんと評価するであろうか。供

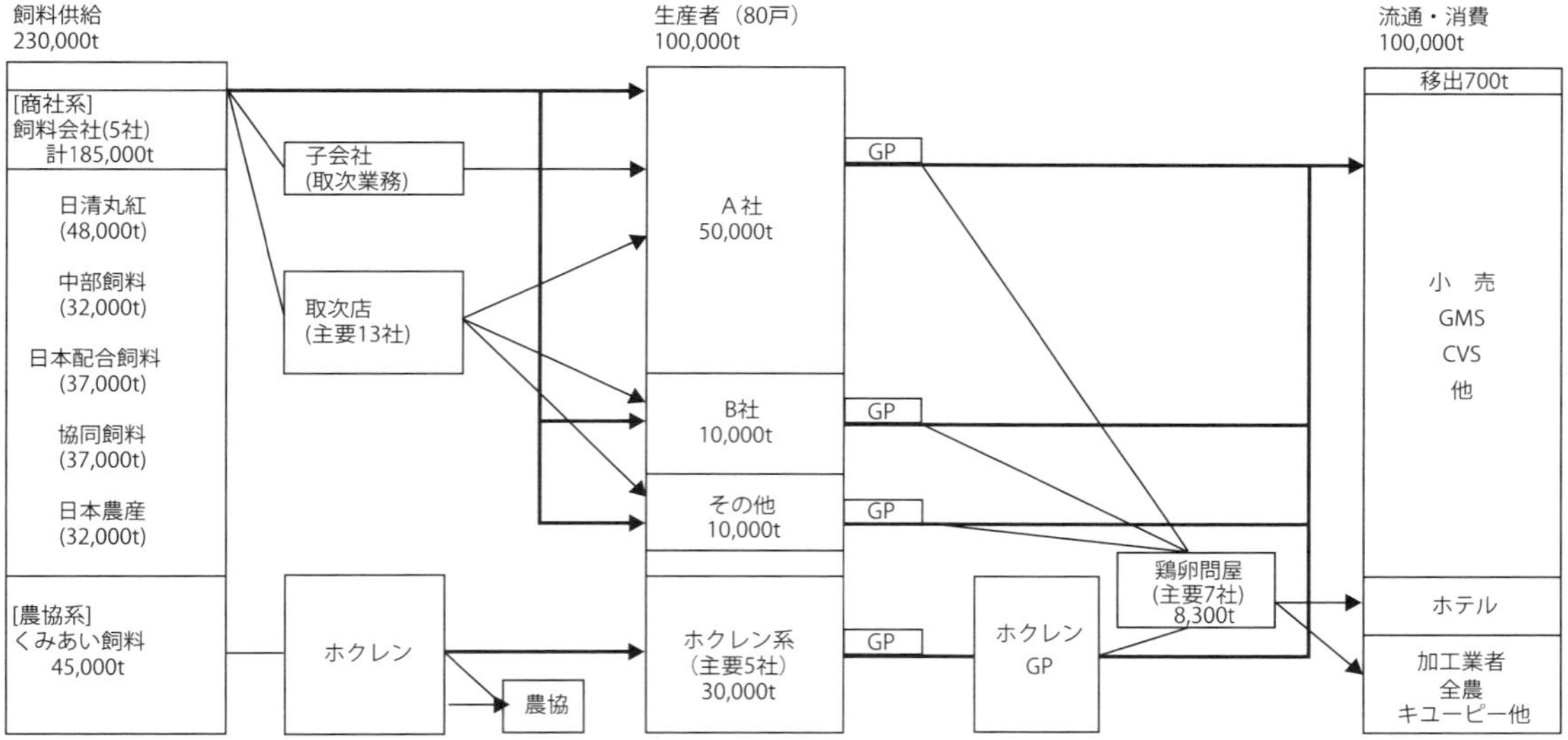

図1·4　現在の鶏卵フードシステム（2010年）

注）図1·3に同じ。

給側まで寡占化してしまうと競争が阻まれ、直接的な利益共同体が生まれる危険性がある。何が何でも効率化すればいいというものでもなかろう。

出口に関しては、小売の業態区分はできなかったが圧倒的にスーパーマーケットやコンビニが増加していることは間違いない。また、GPセンターが大手では自社農場に併設され、ホクレンの場合には地区別に配置されて、洗卵、調製、パッキングが行われるようになった。この物流体制の大きな変化の中で、鶏卵問屋は7社、8千トンの扱いにまで縮小し、パック卵が直接搬入される体制ができあがっている。したがって、大消費地札幌を中心に消費地と直結した農場立地の有無が物流コスト面での優位性を決定することになる。ただし、そこには鳥インフルエンザなどの集積リスクがあることも事実である。規制改革推進会議が喜びそうな生産―消費直結の構造であるが、工場生産に近い加工型畜産が前提である。

この間、ホクレン養鶏団地はほぼ解体してしまい、農協の鶏卵取扱額はわずか2・5億円となり、ホクレンの取扱は63億円で総取扱額186億円の34％となっている。系統としての委託販売はなくなり、養鶏団地系譜の企業経営からの買取販売となっている。しかし、飼料供給は必ずしもホクレンとの取引ではない。ただし、ホクレンに協同組合としての機能がなくなったかと言えばそうではない。全農たまごが出す鶏卵相場が全国の鶏卵価格の標準となっているように、北海道での鶏卵価格の建値もホクレンが担っているようである。ホクレンが持つ機能については次項で考察することにする。

ここ10年間の鶏卵産業の激変

以上は、２０１０年までのものであったが、この10年を改めて振り返ってみると、鶏卵産業にさらに大きな変化が起きていることがわかる。**図１・５**は北海道養鶏会議に加入している企業養鶏の飼養羽数の変化を示したものである。総飼養羽数はおよそ５４０万羽前後で停滞的に推移しているようである。その間、２００７年に23あった企業は、11社がM＆Aや廃業によって名前を消し、３社が加わって２０１５年現在15社となっている。

新規企業を除くと２００７年から増羽している企業は業界トップのA社が１４４万羽から２５６万羽へと２倍近くの伸びを示しており、この多くは買収によっている。シェアーは28％から48％へと圧倒的になっている。２位のB社は廃業し、日本最大のZ社の系列会社に引き継がれている。そのほかで増加を見せているのはD社（40万羽）とその関連会社であるI社（11万羽）、およびE社のみである。

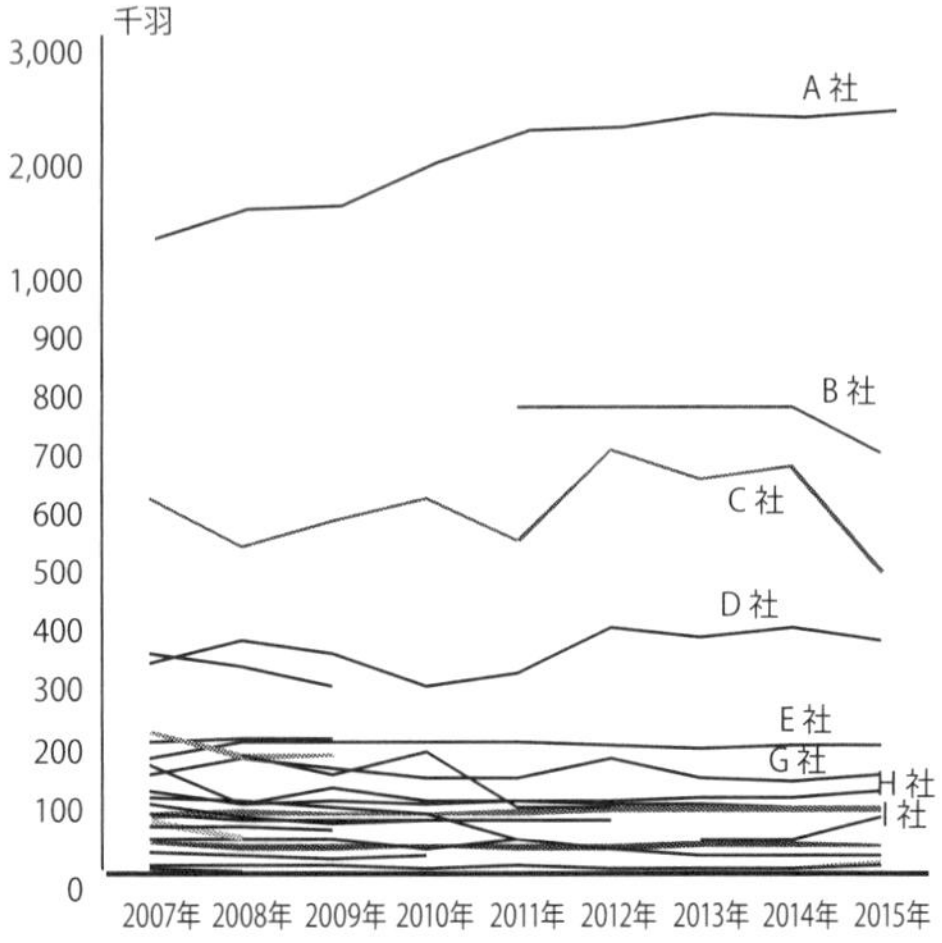

図1･5　採卵鶏企業の飼養羽数の動向（2007-2015年）

注）北海道養鶏会議の資料により作成。

停滞的なのは2社、減少しているのが4社である。

このように飼養羽数でみると、20万羽以上の企業が6社で総羽数540万羽のうちの464万羽、86％を占めている。残り9社のうち10万羽以上が5社、10万羽未満（実際には5万羽未満）が4社となっている。このうち、ホクレングループは2007年の11社、235万羽から2015年には7社、158万羽まで減少している。シェアーでみると47％から26％へと急速に縮小を見せているのである。

3　採卵養鶏業の戦略とホクレンの役割

以上、北海道の採卵養鶏業の企業化の進展、フードシステムの変化を示してきた。1経営当たりの飼養羽数が20万羽以上という大規模飼養が普通になり、ウィンドレス鶏舎が立ち並ぶ姿は写真では見ることができるが、中までの見学は不可能に近い。防疫に神経を尖らせているのである。

それにも関わらず、2016年末には高病原性鳥インフルエンザ（以下AＩ）が猛威を振るい、熊本、宮崎、新潟、青森、そして北海道にまで及んでいる（7か所）。採卵養鶏場の感染は4場、処分羽数は10万羽から31万羽であり、全体で93万羽にも達した（農水省ＨＰ）。

ここでは、こうした採卵鶏の集積リスクも含め、これからの採卵養鶏業のかたちとその中でのホクレンの役割について考えてみる。

たまご売場をのぞいてみると

スーパーやコンビニのたまご売り場をのぞいてみると、大きな変化に驚かされる。ひとつはパック入りの卵の数である。特売用にカートに山積みされた10個入りパックは健在であるものの、６個入りや２個入りなどというものまで出現している。10個入りでもカゴ盛りにして、平飼いを自己主張するものもある。韓国や中国では30個、40個パックが普通であるのに対し、日本人はいかに小食になったのであろうか。家族の形態が変化し、個別にも小食化しているようで、大きな変化である。

種類もずいぶん増加している。北海道では赤玉は珍しかったが、今は普通になっている。かつては「ヨード卵光」が目立っていたが、「機能性食品」のオンパレードである。したがって、価格もまちまちで、目「玉」商品の１５０円から３００円、４００円までの価格帯となっている。買う方は「安い」が基本であろうが、サプリの感覚で選ぶ人も多いはずである。無くなったのはＬ・Ｍ・Ｓの規格で、まさに「混み玉」になってしまった。全体の需要低下がこうした多品質戦略を供給側に取らせているのであろう。マーケットインという考え方である。

採卵養鶏企業の２つの戦略

では、こうした消費動向に対して採卵養鶏業はどのような対応をしているのであろうか。戦略を異にする２つの企業を比較してみたのがつぎの**表１・２**である。

大規模経営のD社は言わば商社系企業の動向を代表している。大規模多羽数飼養の経営戦略のもとで製造原価をおさえ、低単価ながら売上高を増加させる「低単価大規模生産型」の展開である。売上単価は169円／kgと低いが、飼料費・人件費を低く抑えている。

これに対し、中規模経営のI社はホクレングループを構成する農家出自の企業を代表する存在である。I社は、小回りが利くという特色を生かして特殊卵生産を基軸に高品質、直売戦略により「高単価中規模生産型」を実現しているのである。施設関連投資は低水準であるが、単価は236円とD社に比して67円、40％も高い。

もちろん、この他に企業とは志向を異にする平飼養鶏、有機養鶏などの生産理念や販売ルートを異にする「零細」規模経営があるが、これは別とせざるを得ない。

表1・2　採卵養鶏企業の販売単価の比較（2010年）

単位：トン、千円、円、％

	D社	I社
生産量	7,446	2,326
売上高	1,258,724	550,611
売上単価	169	236
飼料費	49.7	52.7
人件費	11.0	16.6
減価償却費	5.4	1.2
その他経費	33.9	29.5
生産原価計	100.0	100.0

注1）2社の業務資料により作成。
2）生産原価は2007年の数字による。

採卵養鶏にホクレンはいらないのか

日本の単位農協は戦後自作農体制を前提として形成され、それを補完するものとして連合会、本論との関係ではホクレンが位置づけられてきた。しかし、これまで見てきたように、採卵養鶏業における家族経営は、業態それ自身が工業的畜産と言われるような形態に変化してきたことでその存立条件を失っている。

それでは、商社系の企業経営が市場の過半数を占めるという展開の中で、農家出自の企業経営を残すのみになった状況において系統農協組織の存立意義はすでに失われてしまったのであろうか。答えは否である。

ホクレンの鶏卵市場におけるシェアは30数％にまで縮小してしまったが、ホクレンは依然としてプライスリーダーの役割を果たしている。ホクレンが鶏卵の入札取引を開始したのは１９５７年であるが、以降北海道における鶏卵の建値はホクレンの指標価格にもとづいている。卸売市場をもたない中での公正な価格形成は独禁法適用除外の論理を持ちだすまでもなく、協同組合の使命である。

マーケットインによるホクレングループの戦略

だが、価格形成面だけでホクレンの鶏卵部門が保つわけではない。では、グループとして今後どのような組織的戦略を取るべきであろうか。それは、養鶏企業がとっている２つの戦略のうちの「高単価中規模生産型」路線の強化であろう。

これは、ホクレンが近年打ち出している販売戦略にも適合している。規制改革会議による農業・農協改革への意見への対応として「ＪＡグループ北海道改革プラン―実行計画指針―」が出され、その中でホクレンも事業強化策を打ち出している。注目されるのは、販売対応の第一として掲げている「プロダクトアウトからマーケットイン」への事業転換である。これは先に見た消費の変化を見極めようとする考え方である。

特殊卵生産を基軸に高品質、直売戦略を強化する戦略は、まさにこれに対応しており、需要を掘り起こしながら品揃えを強化していく上でも中規模経営が適合的であるといえる。例えば、飼料供給の不安定性を逆手に取り、地域と結びつく農協ならではのエサ米や実取りトウモロコシを飼料とする特殊卵生産などが考えられる。

リスクの回避とアニマルウェルフェアへの対応

ホクレングループの農場立地と集荷・販売体制を比較したのが図1・6である。北海道内最大手のA社は直営農場6箇所にそれぞれGPセンターを設置して消費地に直接供給している。これに対し、ホクレングループは全道の3か所（札幌、旭川消費圏と小規模な北見消費圏）にGPセンターをおき、各農場から集荷を行っている。

系統農協ならではの中規模生産単位をつなぐネットワーク体制のホクレングループは分散型の立地をしており、AIなど伝染病のリスクを低く抑える利点を持っている。

また、鶏卵の付加価値化の外に、鶏を健康に管理するためのアニマルウェルフェアの取り組みも必要となる時代に移行しつつあるが、これについても中規模経営に有利性がある。

しかしながら、グループ構成員は中小規模経営で、その経営体質は脆弱であり自農場や3キロ圏内でAIでも発生したらひとたまりもないことは自明である。今後も農協・ホクレンが指導、牽引するなどバックアップが必要であることは言うまでもない。

道外の大規模養鶏の北海道進出という新たな展開も見られるが、ホクレンに代表される農協が関与して北海道内の鶏卵供給が担保されることは、日用食品である卵という食の安心・安全にとって極めて重要なのである。

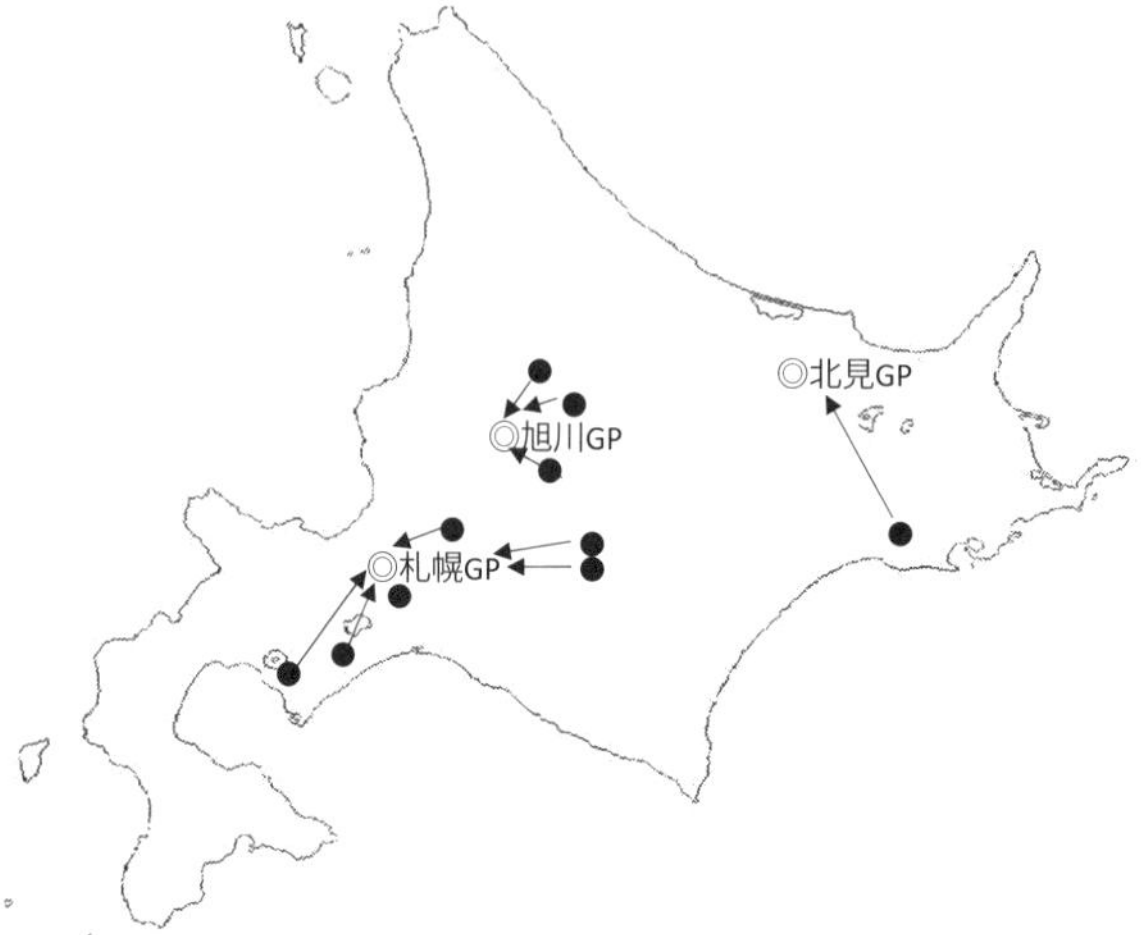

図1·6　ホクレンの鶏卵集荷ネットワーク

注）ホクレン資料により作成。

注

（1）吉本諭ほか「食卓自給率の試算――北海道の食卓から自給率を考える」『農経論叢』70集、2015

【関連研究】

（1）大森隆・坂下明彦「鶏卵のフードシステムと系統農協の機能変化」『農経論叢』67集、2012
（2）大森隆・坂下明彦「北海道における採卵養鶏業の経営分析」『フロンティア農業経済研究』17巻1号、2013
（3）大森隆・松本啓佑・坂下明彦「ホクレンによる養鶏団地の形成とその後の推移」『農経論叢』70集、2015
（4）大森隆「北海道における採卵養鶏業の企業化と系統農協機能の変化に関する研究」『北海道大学大学院農学研究院邦文紀要』35巻1号、2017（学位論文）
（5）大森隆・長尾正克・坂下明彦「採卵養鶏部門における生産調整の実施とその帰結――北海道を中心に」『農経論叢』72集、2018
（6）大森隆「鶏卵相場―長期と短期、2つの卵価から見えてくるもの―」『農中総研　調査と情報』65号、2018
（7）大森隆「適正規模を超えたか、採卵鶏企業」『農中総研　調査と情報』75号、2019

Ⅲ　経済連存続の経済学

藤田久雄・坂下明彦

1　独立経済連への道程

規制改革推進会議主導の一連の急進的な農協改革案は、もはや農協解体を最終目標としていることが明白である。そして、その攻撃は系統組織の分断をはかるというやり口である。中央の連合会が「地域農協」を統制し、自主的な経済活動にブレーキをかけているというものである。とすれば、全中が、あるいは全農が強力な組織強制力を有しているわけであるから、1991年から開始された系統組織改革はきれいな2段階制をもたらした筈である。しかし、実態はそれとは大きく隔たっている。

農協組織改革は時に極めて政治的な動きを示すこともあるが、大方は経済学的に、つまり事業論的に解釈することができる。最終的には農家の経済的利害に即して行動しているのである。こうしたことを念頭に置いて、1990年代の農協が自ら挑んだ農協組織改革とその後20年の経過について考えてみたい。

農協の広域合併から「中抜き2段階」へ

１９４７年に原始農業協同組合法（以下、農協法とする）が制定されて２０１７年で70年が経過した。韓国、台湾、タイ、中国などアジア地域でお手本とされてきた日本の農協系統組織（全国連－県連－農協の３段階）は、１９３０年代に原型がつくられ、１９５０年代に事業方式が確立した。以降、農業近代化の過程で大きな役割を果たしてきた。しかし、１９８０年代の日米経済摩擦などを端緒に内需拡大と市場開放が謳われ、農産物の内外価格差が浮き彫りになった。さらに食管制度に依存してきた農協組織の在り方が問われるなど、農業・農協批判が高まってくる。

全中はこれら批判に応えるとともに、農協の広域合併を踏まえて、１９９１年の第19回全国農協大会で「事業2段、組織2段」を提案し、決定した。原則的には都道府県段階の連合会を清算して、全国連に統合し、その機能を合併農協及び統合連合会（全国連）に移管するというものである。いわゆる「中抜き2段階」の改革方針である。長い間、根づいてきた3段階組織を変革することは極めて困難であり、各都道府県連合会では「組織整備検討委員会」などを設置して検討を重ね、それぞれ正式に機関決定を行った。

大半の経済連が全農との統合を選択する

経済連と全農の統合についてみると、まず１９９８年10月に宮城・鳥取・島根の3経済連が、続いて2000年4月に東京・山口・徳島の3経済連が全農との統合を行っている。そして、2001年4月には、青森・山形・庄内・栃木・千葉・山梨・長野・新潟・富山・石川・岐阜・三重・滋賀・京都・大阪・兵庫・岡山・広島・高知・福岡・長崎という21の経済連が統合を実施し、統合経済連は27となった。このなかで、取扱高が北海道に次ぐ第2位の長野経済連の統合の決定は他の経済連の判断に大きな影響を与えたとみられる。これで大勢が決定したわけであるが、農協大会の決定から10年かかったことになる。さらに、2002年4月には岩手・秋田・茨城・群馬・埼玉・大分の6経済連が、2003年4月には福島・神奈川経済連が統合し、青果連との合併を行った県農愛媛が2004年4月に統合に参加し、36都府県本部体制になった。その後、2008年4月に山形県本部と庄内本部が統合して全農山形県本部となり、2015年3月に島根県内11農協が統合して島根県農協を発足させ、全農島根県本部を承継したことにより、34都府県本部となった。

1県1農協化という別の道

ただし、全農との統合だけが行われたわけではない。県内単一農協方針による組織2段、つまり1県1農協という選択も存在した。奈良県は第一回目の全農・経済連統合の1年後の1999年10月に、沖縄県でも全農統合が一巡する2002年4月に県域農協合併が実施されている。しかし、この県内農協単一化には困難が伴い、香川県では2000年3月に県域合併が行われたが、レタスの一大産地を抱える豊南農協など2農協が参加せず、最終的な合併は２０１３年４月であった。佐賀県でも２００７年４月に８農協による合併で佐賀県農協が発足したが、佐賀市中央農協、唐津農協、伊万里農協は存続している。これらは、最初の県域合併で経済連を継承しているが、すでにみた島根県の場合には統合した全農県本部を再び継承するという複雑な過程を経ている。

この事例は、全農に統合された県本部を継承して１県１農協化を図ることが可能であることを示しており、さらにこうしたケースが生まれる可能性がある。また、次の経済連を存続させた県においても全県単一農協合併の構想が存在している。

注目される独立系経済連

以上の２つの選択に対し、われわれが注目しているのが経済連存続の選択である。「県連を存置・県内完結の事業2段」ということになるが、北海道、静岡、福井、愛知、和歌山、熊本、宮崎、鹿児島の８道県がこれに当たる。

ただし、この選択はかなり悩ましいものであった。それは、その決定までの過程をみれば明らかである。最もはっきりしていたのは、北海道、ホクレンである。全国に先駆けて１９９３年に「道内完結・事業2段」を決定し、具体的に全農と交渉して事業移管、施設移管をすすめている。２つ目の対応は、「当面全農と統合せず」とし、存続はあくまで暫定処置であるというものであり、静岡県、愛知県、鹿児島県がそれである。そして３つ目は、一旦は全農との統合を決定したが、その後「統合は見合わせる」に変更した和歌山県、熊本県、宮崎県である。このうち、宮崎県は「経済連存続」→「統合を目指す」→「統合は見合わせる」と２転３転している。そして最後は１県１農協を目指しているが、未実現につき県連存続のままで「組織検討中」としている福井県である。経済連も横並びで生きてきたので、「出る釘は打たれる」式で慎重な態度を示しているものの、福井を除くと独立系経済連、つまり県域機能を強く意識した販売事業重点の事業連であると言えるであろう。

この独立系経済連における単協－経済連－全農という３段階の事業利用の変化を１９９２年と２０１０年で示した。**表１・３**が単協－経済連、**表１・４**が経済連－全農の関係を示している。このうち、全農統合県との比較では販売事業が重要である。単協の経済連利用率は１９９２年には独立系経済連で93％であったが、２０１０年では88％と基本的に維持されている。また、独立系経済連の全農利用率（福井を除く）は１９９２年には30％であり、全農統合した経済連（69％）よりかなり低く、

表１·３　農協の経済連利用率の推移

単位：％

事業年度	販売			購買		
	1992	2010	変化	1992	2010	変化
北海道	87	85	-2	63	61	-2
静岡	72	75	3	71	63	-8
福井	99	90	-9	80	83	3
愛知	94	86	-8	71	72	1
和歌山	95	85	-10	81	68	-13
熊本	97	92	-5	77	64	-13
宮崎	98	94	-4	81	70	-11
鹿児島	98	98	0	88	86	-2
単純平均	93	88	-5	77	71	-6

注）農林水産省「総合農協統計表」により作成。

２０１０年には15％へとより低下している。表出はしなかったが、販売事業高も両年比で単協80％、経済連77％であり、全農統合した県の単協61％、県本部47％より高く維持している。このように、独立経済連にあっては、事業高を高いレベルで維持しながら単協と経済連が一体的な事業体制を強化していることが伺われるのである。

2　独立系経済連の事業の優位性

以上では、経済事業における系統組織再編が県域組織の形態によって3つの類型に区分され、そのなかで独立系経済連の存在が注目されるという筋道を示した。ここでは、県連存続型、1県1農協型、全農統合型という県域組織に即して、再編前の経済事業指標とその後の20年を振り返り、経済連存続型すなわち独立系経済連の優位性を検証してみよう。

独立系経済連存続の根拠

以下では県域組織の形態別に経済連が存続している8道県を県

表1・4　経済連の全農利用率の推移

単位：％

事業年度	販売			購買		
	1992	2010	変化	1992	2010	変化
北海道	42	16	-26	60	45	-15
静岡	19	17	-2	51	53	2
福井	95	89	-6	68	56	-12
愛知	20	14	-6	60	53	-7
和歌山	8	5	-3	63	49	-14
熊本	21	5	-16	60	59	-1
宮崎	64	15	-49	70	58	-12
鹿児島	33	36	3	68	64	-4
単純平均	38	25	-13	63	55	-8
単純平均（除福井）	30	15	-15	62	54	-8

注）各経済連「業務報告書」により作成。

連存続型Ⅰ（北海道を除く7県は県連存続型Ⅱ）、全農県本部に移行した県を全農統合型（34都府県）、県域で合併し1農協となった県を1県1農協型（5県）とする。これら県域組織ごとに、農業基盤、農協の組織・事業、経済連の事業を示したものが以下の図表である。

組織再編前のそれら指標により、経済連を存続させた県域組織の特徴を見てみよう。まず、県域における農業基盤の特徴である。第1に、県連存続県は**表1・5**のように農業産出額、農協取扱高（販売）がともに大きく、したがって、県外への移出量も多く、生産から販売にわたって県連への依存が大きく、経済連存続の要因になった。第2には、**表1・6**に示すように農業産出額の構成比において米の比率が低く、逆に畜産の比率が高い。畜産については経済連が農協とともに多くの

表1・5　県域組織形態別農業産出額・農協販売額の推移

単位：億円

県域組織形態	農業産出額（県平均）			農協販売額（県平均）		
	1992	2000	2010	1992	2000	2010
県連存続型Ⅰ	4,056	3,634	3,314	2,473	2,100	1,974
県連存続型Ⅱ	3,044	2,645	2,366	1,524	1,230	1,038
1県1農協型	1,092	891	770	671	542	561
全農統合型	2,161	1,737	1,535	1,147	873	696
全国平均	2,370	1,970	1,756	1,322	1,053	899
全国平均（除北海道）	2,179	1,783	1,578	1,152	891	734

注）農林水産省「生産農業所得統計」、「総合農協統計表」により作成。

表1・6　県域組織形態別の農業産出額の作目別割合（2010年）

単位：%

	米	園芸	麦・雑穀・豆	畜産	（うち生乳）	工芸農作物	計
県連存続Ⅰ	9.7	41.2	2.3	42.2	14.2	4.6	100.0
県連存続Ⅱ	9.1	48.6	0.3	36.6	4.3	5.4	100.0
1県1農協	17.2	42.2	2.1	31.3	4.8	7.2	100.0
全農統合県	23.9	46.8	1.0	27.0	5.4	1.2	100.0
全国	19.0	44.8	1.5	32.1	8.2	2.6	100.0

注）農林水産省「生産農業所得統計」により作成。

施設を所有し、生産から販売まで主導しているケースが多く、経済連存続の判断要因になった。

次は単協と経済連の関係である。**図1・7**は農協の経済連利用率を横軸に、経済連の全農利用率を縦軸としてその相関を示したものである。県連存続型は、丸で囲んだように右下に分布しており、農協―経済連の関係が強いことを示している。すなわち、販売・購買事業は農協・経済連一体化のなかで県内完結に向かっており、県連組織が不可欠であるという判断要因となった。もともと全農利用率の低いところが、県連存続型を選択したことが明白である。また、県連存続型は、**表1・7**にみるように1県当たりの農協数あるいは広域合併後の構想農協数が多いことが特徴であり、農協間を束ねるために県連組織が必要との判断要因となった。

最後に経済連そのものの特徴である。**表1・8**に示すように、県連存続県においては経済連の自営事業額が大きい。自営事業とは、組織基盤とする農協の収益構造から独立した

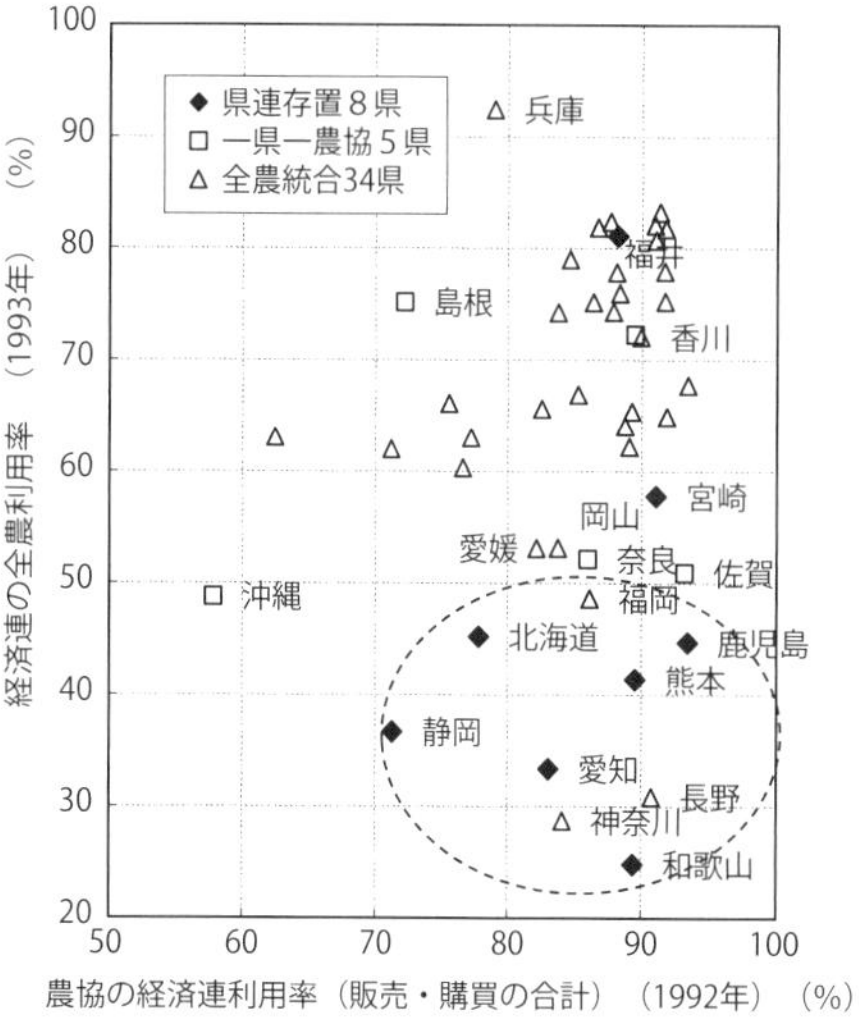

図1·7　農協の経済連利用率と全農利用率による経済連の位置

注）各経済連「業務報告書」により作成。

事業であり、委託購買・販売からの手数料収入以外の加工事業（原料買取）や燃料自動車、生活購買、卸米穀などの事業である。農協から経済連への収益還元が期待され、県連組織が必要との判断要因になったと思われる。また、存続県では、**表１・９**に示すように経済連の経営状況（未処分剰余金）が良好である。全国連に統合されず、独立した経済連として存続できるとの判断要因になっている。

このように、経済連を存続させた道県においては、県域の農業基盤、農協と経済連の関係、ならびに経済連自体の力がともに強力であったといえる。このことが全農との統合を回避させる

表１･７　農協合併の県域組織形態別の農協数の推移

単位：農協数、%

県域組織形態		1992	2000	2010	2014	合併構想	減少率	達成率
		A	B	C	D	E	100−D/A	E/D×100
県連存続型Ⅰ	小計	615	368	216	207	96	66.3	46.4
	平均	76.9	46.0	27.0	25.9	12.0		
県連存続型Ⅱ	小計	367	174	105	98	59	73.3	60.2
	平均	52.4	24.9	15.0	14.0	8.4		
１県１農協	小計	235	75	19	8	5	96.6	62.5
	平均	47.0	15.0	3.8	1.6	1.0		
全農統合	小計	2,354	981	490	473	245	79.9	51.8
	平均	69.2	28.9	14.4	13.9	7.2		
総合計	合計	3,204	1,424	725	688	346	78.5	50.3
	平均	68.2	30.3	15.4	14.6	7.4		

注１）農林水産省「総合農協統計表」、全国農協中央会資料により作成。
　２）合併構想数は全国農協中央会「都道府県 JA 構想」（2015 年４月１日）による。

表１･８　県域組織形態別の自営事業（県平均 1993 年度）

（単位：億円、%）

県域組織形態	経済連取扱高 A	農協の系統利用高 B	経済連の自営事業額 額 (A−B)	経済連の自営事業額 比率 (A−B)/A
県連存続Ⅰ	4,311	3,346	965	22.4
県連存続Ⅱ	2,892	2,215	677	23.4
１県１農協	1,193	977	216	18.1
全農統合	2,047	1,703	344	16.8
合計	2,341	1,905	436	18.6

注）経済連取扱高は全農「県連経済事業調査報告」1994 により作成。農協の系統利用高は農林水産省「総合農協統計表」により作成。

ことに繋がったのである。

組織再編後20年の県域組織

では、1991年から開始された系統組織再編から20年以上が経過した後の県域組織の事業経営はどのように変化したのであろうか。結論を先取りすれば、ここでも県連存続県の優位性を確認することができる。紙幅の関係があるので、農業基盤と県連の自営事業額について見てみよう（前掲**表1・5**）。

農業産出額については、米の生産数量の減少と米価の下落によりその維持率（2010年度／1992年度）は74%である。また農協・県域組織の事業の維持率も米価の影響や商系との競合などにより低下傾向にある。しかし、県域組織形態別にみると、経済連存続県の優位性が明白である。農業産出額の維持率、農協取扱高の維持率、経済連取扱高の維持率において県連存続県の優位性が認められ、全農統合県の維持率の落ち込みが著しい。

県域組織の自営事業額は、組織再編以前においても県連存続県が最も大きかった。県連存続県での事業取扱高の維持率（2010年度／1992年

表1・9　県域組織形態別の当期未処分剰余金（県平均1990年度）

単位：千円

県域組織形態	当期末処分剰余金	左の内訳			余剰金処分額	次期繰越剰余金
		繰越余剰金	当期余剰金	目的積立金目的取崩額		
県連存続Ⅰ	1,465,875	44,534	1,391,342	30,000	1,416,361	49,515
県連存続Ⅱ	942,661	49,186	893,474	0	888,339	54,322
1県1農協	257,502	14,508	242,994	0	276,028	-18,526
全農統合	549,883	30,192	512,662	7,029	517,331	32,552
合計	674,692	30,964	633,536	10,191	644,686	30,006

注）全農「全国経済連財務・経営の概況」（1990年度）により作成。

度）は79％であるのに対し、自営事業額の維持率は１０６％と、逆に伸びを示しているのである。なかでも北海道は維持率が１３９％と大きい。この自営事業額の伸びにより、経済連事業の取扱高の大幅な下落をカバーしているのである。

このように、県連存続県での農業基盤の厚み、単協と県連の強固な関係、そして県連そのものの実力を基礎として経済連は「独立系経済連」として存続したのであり、20年以上を経過した現在においても県域レベルでの優位性を維持しているのである。

3　独立系経済連における県域機能の発揮

これまで、系統経済事業の組織再編の結果として最も変化の大きかった県域組織について、組織再編過程そのものの特徴、再編前と再編決定後20年を経過した現段階での事業動向の類型別比較を行ってきた。その結果は、事業的にみて独立系経済連に優位性が存在しているということである。

そうであるならば、「県域」という歴史的に形成されてきたひとつの経済領域が健在であり、それを単位とした機能、「県域機能」が存続し、独立系経済連がそれを担うことで経済活動を活発に展開しているということになる。以下では、まとめとして県域組織類型別に県域機能の発揮状況を見てみたい。

県域機能の形成と理論的整理

まず、県域とは何かについて事前に考えてみよう。それを経済的に示す言葉が移出入である。明治時代になって農産物の国内市場が形成・拡大するに伴って、県域を越える農産物に対する検査制度が生産検査とは別に作られるようになる。その背景には県域ブランドの確立のための産地間競争があった。その代表が米であり、同業組合の自主検査から、県営、そして国営検査へと拡充を見せる。つまり、移出問屋を基点に県政を巻き込んだブランド化競争が展開されるのである。青果物についても、例えばみかんについては西日本主要生産県において独自の検査条例が設けられて、品質管理と等級化が行われ、出荷組合をベースに戦後の専門農協に繋がる行政と一体化した県域販売体制が構築される。戦後になると米はターミナル配給制になり米市場は喪失したが、成長農産物の産地化は広域流通を前提に県単位に行われたと見てよい。現段階においても、農産物の過剰基調のもとで、流通の多チャンネル化は進んでいるものの、県自治体と連携した農協連合会のブランド化対策は依然重要性を失っていない。

理論的には、県域機能は必ずしも直接的には議論されておらず、連合会の機能として整理されてきた。この議論は系統組織再編前に行われたから、事実上県域組織である経済連の機能であると読み替えることができる。代表的には藤谷築次「協同組合の適正規模と連合組織の役割」（1974）がある。この議論では、単位農協には強い「組織力効果」があるが、連合会は「規模効果」を追求するとし、その機能を単位農協の代行、補完、調整の3つに分けている。単協単独で事業可能かという視点では、連合会事業がより効率的であることを根拠とする代行機能、単協の機能を拡大する補完機能と、単協では絶対できない絶対的補完機能および調整販売機能があるとされる。これにもとづいて、以下、独立系の３経済連の機能を整理してみよう。

独立経済連における県域機能の内容

ホクレンで注目されている米については、生産者・農協・関連機関と連携し、種子の供給、生産、集荷、販売まで一貫した体制で取り組んでいる。試験場が開発したきらら397からゆめぴりかまでがブランド米として定着している。ホクレンは各品種の適地適作、実需の要望品種に対する生産の調整などブランドの維持向上につとめている（調整機能）。その他に、製糖工場、肥料工場、飼料工場などの大型施設の保持・ほくれん丸など道外輸送体制の構築・7か所の家畜市場開設と十勝枝肉市場の開設（機能拡大補完機能）、指定生乳生産者団体としての役割（絶対的補完機能）、東京での販売本部の設置と仙台・名古屋・大阪・福岡における支店の配置（代行機能）など連合組織としての県域機能を担っている。

鹿児島経済連では、畜産実験牧場、原種豚センター、子豚供給センター、実験農場、肥育牛実験センター、肉用繁殖牛実験センターなど多くの畜産事業の事業所を持つ（機能拡大的補完機能）。また茶市場の開設者としての機能（絶対的補完機能）など連合組織として県域機能を担っている。

愛知県経済連では、大規模野菜産地での出荷最盛期限定でのキャベツ販売本部、はくさい販売本部の設置を行っている（調整機能）。また、購買事業ではＢＢ肥料工場の設置、農薬供給でのジェネリック品・系統独自開発低コスト農薬の供給、複数農協間の規格統一によるダンボール供給などを行い（機能拡大的補完機能）、連合組織としての県域機能を担っている。

１県１農協型・全農統合型での県域機能

県内の全農協が一つに合併し、さらに従来の経済連を包括継承して設立したのが１県１農協型である。県域機能は当然、１県１農協型農協が担っている。ただし、従来の経済連の事業規模は小さく、例えば奈良県経済連の１９９２年度の取扱高は経済連存続８県平均の16％に過ぎない。また、旧経済連の事業は農協事業と重なっている点が多く、事業量はそれほど増加してはいない。

さらに、農協の総利益の事業別の寄与率は、奈良県を例に取ると２０１０年度で信用・共済事業が79％、経済事業が21％であり、信用・共済事業が大きく、経済事業が小さい。したがって、人・施設・資金などの経営資源を経済事業に特化して県域機能を強化することは難しいと思われる。

全農統合型の場合は、経済連の業務を引き継いだ全農県本部がこの機能を担っていることになる。しかし、県本部は全国本部の一つの部に過ぎず、県本部長は参事（職員）であり、全農の意思決定機関である理事会には出席できない。そのため地域の意思反映が難しくなっている。

また、事業規模が３、０００億円から３００億円までの県本部を全国本部・総合企画部が統一的にコントロールする仕組みには無理がある。県本部に対する経営指標は一定基準で設定されているが、全体の経営悪化に伴いノルマが増加し経営を圧迫している（長野県本部）。固定資産の取得・処分の県本部長権限が限定されているため、決済までに要する時間が長くなっている。

期待が大きい生産資材の価格引き下げについては、統合全農による原料調達から製品の供給までの内部情報の開示や討論が不足しており、県本部としての説明責任を果たせないという不満が燻っている。これらが直接・間接的に県域機能の強化に悪影響をあたえていると思われる。それを端的に示したのが、長野県の農協系統利用率および経済連取扱高の急速な低下である（表１・10）。

県域機能拡充の方向性

以上のように、県域組織類型別にみると独立系経済連が県域機能を最も発揮できる体制にあることが明白である。最後に、この県域機能拡充の方向性を類型的観点も含め整理しておこう。

県域機能において最も基本的なことは、単位農協段階では販売品の品目・

表 1・10　全農長野県本部の事業環境

単位：億円、%

		全農長野県本部			北海道			愛知			鹿児島		
		1992	2010	2010/1992	1992	2010	2010/1992	1992	2010	2010/1992	1992	2010	2010/1992
農協の	経済事業計	91.0	76.0	83.5	78.0	76.0	97.4	83.0	80.0	96.4	93.0	94.0	101.1
系統	販売事業	97.0	79.0	81.4	87.0	85.0	97.7	94.0	86.0	91.5	98.0	98.0	100.0
利用率	購買事業	83.0	71.0	85.5	63.0	61.0	96.8	71.0	72.0	101.4	88.0	77.0	87.5
県域	経済事業計	5,413	3,186	58.9	14,703	14,069	95.7	4,117	3,245	78.8	4,442	3,138	70.6
組織事業	販売事業	3,030	1,741	57.5	10,031	9,502	94.7	1,705	1,288	75.5	2,368	1,750	73.9
取扱高	購買事業	2,383	1,435	60.2	4,672	4,567	97.8	1,788	1,310	73.3	1,673	1,278	76.4

注）『総合農協統計表』および各経済連・県本部資料により作成。

質・量・時期が限定されるため、農畜産物販売として必要とされる多品目・高品質・ロット・期間を確保し、市場、卸、量販店に対応するために県単位で事業を集約することである。

こうしたブランド化の過程では、県自治体との連携が不可欠であり、地元農業試験場との品種開発などの共同研究や消費宣伝の面で密接な協力関係が構築されている。県としての「一体感」が産地形成の基礎となっているのである。品種開発に関しては各県間で良い意味での競争を行っており、その成果が同一法人としての全農のなかで希釈化されることは知的財産や開発コストの回収の面からも問題である。

全国市場向けの農産物においては依然として産地単位は県であり、産地間競争は農畜産物の品質向上や組織の活性化のためにも必要である。しかし、現在の全農では産地競合を同一法人内に抱えており、調整が困難になっていることが統合後の過程で明らかになった。県域組織に法人格を付与し、県単位の事業展開、経営責任を基本とすることが、全国一本の経営体より自主・自立の農業協同組合の基本理念に則ったものである。

また、県単位の事業基盤や生産額に大きな格差のある実態を踏まえると、生産額の小さい県や都市化した県、離島等を事業区域に持つ県での農協再編には1県1農協も選択肢として加えられよう。さらに、生産額の少ない県は近隣の複数県でブロック経済連を形成し、それを事業区域（拡大県域）とする考え方も検討に値する。

以上の県域機能を踏まえて、全国連合会のあり方についても触れておこう。まず、組織的には農協・県域組織との機能重複を避け、特化した業務組織が望ましい。その主要業務は、国産農畜産物の消費拡大、主要農畜産物の需給調整、国産農畜産物の安心・安全対策、国産農畜産物の輸出、生産コスト抑制への取り組み、子会社管理等である。

ただしこれらの業務を完全に行うには、協同組合組織でなければならない。独禁法の適用除外を考えると会社化には無理がある。しかし、仮に改正農協法の規定により全農が会社化されたとすると、県域機能を十分に担っていくためには県本部は以前の経済連あるいは1県1農協に移行せざるを得ないと考える。

【関連研究】

(1)藤田久雄・黒河功「系統農協組織改革と北海道の位置」『農経論叢』66集、2011

(2)藤田久雄・坂下明彦ほか「県連主導型の農協事業体制と農協合併による一体化─鹿児島経済連のケーススタディ　独立系経済連の研究（2）─」『農経論叢』69集、2014

(3)藤田久雄・坂下明彦ほか「単位農協と県連の事業一体化と販売優位の経済事業改革─愛知経済連のケーススタディ　独立系経済連の研究（3）─」『フロンティア農業経済研究』18巻2号、2015

(4)藤田久雄「農協系統組織再編と経済連の位置」『北海道大学大学院農学研究院邦文紀要』35巻1号、2017（学位論文）

第2部　農協をめぐる新たな動向

Ⅰ　北海道の農協の到達点と意義

正木卓

１　生活インフラ形成と農協の役割

北海道から協同組合の存在意義を発信する

グローバル化が進行する中で、日本農業を支えてきた農業協同組合の社会的役割は益々重要性を増している。北海道大学大学院農学研究院では、２０１６年1月より農林中央金庫からの寄附講座として「協同組合のレーゾンデートル研究室」を新設した。「レーゾンデートル」とはあまり聞きなれない言葉であるが、協同組合思想のふるさとのフランス語で「存在意義」を意味する。北大には、全国唯一の協同組合学を専門とする「協同組合研究室」が設置されているが、この研究室の併設により、スタッフを拡充し、専門分野を掘り下げるとともに、その成果を精力的に全国発信することを使命としている。活動の柱は、①協同組合と農業振興、②協同組合と食・生活、③協同組合と農村開発の３つである。

「農協改革」の議論においては、その協同組合としての性格を否定する動きが強まっており、従来の農協中心の教育研究から輪を広げて、漁協論や森林組合論などの研究分野との連携、食を媒介とした生活協同組合論への研究の領域拡大を進める必要がある。

その上で、地域論・生活論的な視点からの協同組合間連携の必要性を明らかにして、北海道の場でそれを具体化する突破口を開くことが求められよう。

協同組合の存在意義と農業・農村へのインパクト

では、なぜいま農協の存在意義を発信する必要性があるのか。単に農協改革への反論としてではなく、農村社会のなかで起きている「生活」に密着した問題への対応の必要があるからである。北海道の農協は農畜産物の生産振興に力を注ぎ、農業振興における要としてこれまで北海道農業を牽引してきた歴史をもっている。だが、現在の農村部は生産振興のみでは解決できない問題が発現している。それは高齢化・過疎化にともなう生活インフラの整備である。農村においては、都市への人口移動、高齢化の進展等が顕著になる中で、営利を目的としつつ生活インフラを担当していた民間事業者等の農村からの離脱が相次ぎ、生活の基盤である病院や商店が消えようとしている。農協改革論議のなかで准組合員問題が取り上げられ、営農純化論が強調されたわけであるが、北海道においては人口・産業基盤の縮小の中で、むしろ農協が地域社会のインフラ維持を担う主体として役割を果たすことが期待されている。

医療・福祉部門における実績

これまで北海道の農協は営農に関する事業に重点をおく傾向が構造的な背景もあって府県に比べて強く、生活事業に関する取組みに弱点を有しているといわれてきた。しかし、生活事業に手をこまねいていたわけではなく、むしろ農協厚生事業（医療・福祉）においては農村部において事業拡充をみせており、農村に与えるインパクトは非常に大きくなっている。

農協厚生事業は組合員及び地域住民の生命と健康を守りながら、生き甲斐のある地域づくりに貢献することを理念としている。その理念を現実化するため、①地域のニーズに応じた診療機能の充実と利用者サービスの向上に努め、地域から最も信頼され選ばれる病院を実現していくこと、②農協とともに保健福祉・農協配置薬事業を通じ組合員・地域住民の健康管理に努めるとともに、地域における保健衛生の向上、高齢者の自立・生きがいづくりの支援に取り組むこと、③地域活動を積極的に推進し、地域の信頼を高め地域連携に努めるとともに、健全な経営・運営を行っていくことの3つの基本目標を設定している。さらに、この基本目標が医療事業、健康管理事業、高齢者福祉事業、農協配置薬事業と密接に関連していることから、農協の厚生事業は農村における民間の医療・福祉サービスを構築していると特徴付けられる。

厚生連のネットワーク

北海道厚生連は道内での事業の円滑な実施・運営のため、拠点となる旭川市・帯広市・札幌市・遠軽町・網走市・倶知安町に総合病院を設置している。そのほかに、摩周（弟子屈町）・むかわ町・美深町・丸瀬布（遠軽町）・常呂町に一般病院を、湧別町・沼田町・苫前町にクリニックを開設しており、さらに常呂町・小清水町・弟子屈町に老人ホーム、旭川市に看護学校を設立・運営している。過疎化が進む農村部において道立病院の代替的役割を担っているといえる。過疎地域におけるこうした農協連合会の事業展開は、組合員及び地域住民が安心して生活できる基盤を設けるという意味で、まさに生活インフラの構築と維持である（**表2・1**）。

農村部での人口減少と高齢化が進行する中で、農村地域の再生を果たす役割は社会的企業としての農協の肩にがっしりとかかっている。とはいえ、生活インフラ形成では、農協のみでの取組で完結することや、農協が取組の前面にでることが必ずしも適当だとはいえない場合もある。むしろ専門的なノウハウをもった組織と連携することでより良いインフラ整備を進めることができる場合もある。ここに協同組合間提携の意義があるのである。

表2・1　厚生事業量の推移

単位：百万円

事業名	2010年度	2011年度	2012年度	2013年度	2014年度
医療事業	72,609	73,372	74,955	76,989	76,010
健康管理事業	2,722	2,724	2,786	2,818	2,862
高齢者福祉事業	607	566	577	853	1,001
JA配置薬事業	1,348	1,290	1,247	1,185	1,070
附帯事業・その他	5,515	4,637	5,912	5,398	7,125
合計	82,801	82,589	85,477	87,243	88,068

注）JA北海道厚生連HPにより作成。

２　ワンステップ進んだ農業振興の姿

自治体・農協による新たな農業振興の方針

北大農学研究院は自治体の協力のもと道内４か所（栗山町、訓子府町、富良野市、余市町）に農村サテライトを設置し、サテライトをベースとして地域農業の振興策に関する研究に取組んでいる。「協同組合のレーゾンデートル研究室」においても、教育研究の活動の柱として農村サテライトを中心とした地域（自治体・農協）の担い手確保（後継者および新規参入者）に関する研究を実施し、農業振興計画策定支援に係る調査研究にも取組んでいる。

北大サテライトが設置されている自治体にもみられることであるが、今、道内の多くの自治体ではこれまでの農業経営をサポートする農業振興策からワンステップ進んだ地域や集落という農村社会全体に焦点を当てた農業・農村振興の取組がみられる。それは、新たな仕組みづくりの中での農地保全や担い手の確保・育成の活動であり、「戸別経営支援の枠を超えた「農村づくり」を目的とした農業振興策である。自治体と同じく農協においても同様の姿がみられ、第28回北海道農協大会においては農協の方針として、担い手の確保、所得の向上、農村づくりへの貢献が掲げられた。協同組合として農業経営支援だけではなく、地域をささえるため自らが担い手となる動き（農協出資法人、直営ＴＭＲセンターなど）もそれである。こうした動きは言うまでもなく、農村部における高齢化や担い手不足が一層深刻化していることへの対応と考えられる。

ワンステップ進んだ農業振興の取組み

北大サテライトが設置されている栗山町には栗山町農業振興公社（以下、公社）がある。公社は２００４年に町とＪＡ栗山（現そらち南）、農業委員会、土地改良区、南空知農業共済組合、農民協議会によって設立・構成され、農業の構造改善と担い手づくりを通じて農業生産性向上と地域活性化を図りつつ、栗山町農業の振興に寄与することを目的としている。このため、農地流動化の円滑な推進と促進に関する事業、農地利用集積円滑化事業に関する事業、地域を担う人材の育成と新規就農に関する事業、営農に関する情報の提供と農業生産法人の育成など多岐にわたる地域農業振興に係る事業を実施している。中でも地域農業を支える人材の確保・育成に取組むため、「くりやま農業未来塾」、「くりやま農業女性塾」を開設している。

栗山町では農家戸数の減少に伴い農業就業人口が２０１０年には1，０６７人（36・9％）となり、65歳以上の比率は15年間で10％以上増加する等、急速な高齢化と担い手不足が進展している。これは栗山町のこれからの農業の維持・発展において重要な課題となっている。この状況下で、公社はその改善方策及び具体的な戦略プランとして意欲と能力の高い担い手の育成に取組むことを目的として、後継者や新規就農者の育成の観点から、くりやま農業未来塾を開設している。公社はくりやま農業未来塾の塾生の選考基準として、①既婚の20歳代後半から30歳代の農業者であること、②ＪＡ青年部や４Ｈクラブの役員を経験していること、③青年農業賞などの受賞経験があること、④経営移譲を受ける予定であること、⑤選出地区（南中北）のバランスに配慮すること（各地区2名程度）、を定めており、候補者については農業振興推進委員を通して各地区から推薦し、農業振興推進委員会で協議し最終的に塾生を決定する流れとなっている。

塾生は2年間多様なカリキュラムで構成されたくりやま農業未来塾の活動を通じて、経営センスに優れた企画・管理能力の向上をはじめ、生産技術や加工流通・販売手法等を体得している。なお、公社はその他に、町内外の優良農家訪問による実践研修も実施し、塾生の経営能力及び人的ネットワークの拡大にも取組んでいる。２００２年から始まったくりやま農業未来塾は、２０１５年現在まで7回実施されており、参加塾生は計43名にのぼる（**表２・２**）。

また、男性農業者だけではなく、女性農業者において農業を担う意欲と関心を高め、農業経営への積極的な参画や地域農業の活性化を図るため、空知農業改良普及センター南東部支所が実施してきたくりやま農業女性塾を２０１０年から公社事業として引き続き実施している。公社はこの取組みを通じて女性農業者に農業知識の習得だけでなく、地域での仲間づくり

表 2・2　くりやま農業未来塾の実績

単位：人

区分	期間	塾生数
第１期生	2002年～2003年	9
第２期生	2004年～2005年	5
第３期生	2006年～2007年	6
第４期生	2008年～2009年	6
第５期生	2010年～2011年	6
第６期生	2012年～2013年	5
第７期生	2014年～2015年	6
合計		43

注）公社資料により作成。

や実践的な農業についての学習機会をつくり、これにより女性農業者を、栗山町農業を支えていく今後の担い手として育成していくことを目指している。

くりやま農業女性塾の塾生は、栗山町内在住の就農または農業者と結婚して10年未満の女性が対象となっており、２０１０年から現在まで計82名が参加している（表２・３）。

担い手の確保から自立した農業経営者へ

栗山町における農業振興および農村活性化への取組みは、公社事業をメインとしながら、担い手確保と農業人材育成、いわゆる「人」の問題に注目している。公社は新規就農者受入・後継者育成といった担い手確保とともに、くりやま農業未来塾とくりやま農業女性塾といった事業を設け、新規就農者・後継者・女性農業者を対象に、農業経営全般に関する能力を向上させていく、農業人材育成に取組んでいる。公社は農業における「人」の問題に対して、担い手の確保にとどまらず、確保された担い手を自立した農業経営者として育成していく取り組みを実施しており、これはワンステップ進んだ農業振興策と位置づけられる。このような公社の取り組みは栗山町の地域農業を担う人材育成を可能としており、他の地域における今後の農業振興策の質的向上に示唆を与える点が多い。

表２·３　くりやま農業女性塾の実績

（単位：人）

区分	期間	塾生数
第１期生	2010年～2011年	14
第２期生	2011年～2012年	18
第３期生	2012年～2013年	14
第４期生	2013年～2014年	14
第５期生	2014年～2015年	15
第６期生	2015年～2016年	7
合計		82

注）公社資料により作成。

新たな農業振興における農村づくり

北海道農業における「人」の問題は、今まで新規参入者受入や後継者確保といった担い手確保に重点をおいて取組んできた流れがある。しかし、確保した担い手を自立した農業経営者として育成していくための専門的プロセスが十分に確立されてきたとは言いがたい。今後の農業維持・発展のためにはそれへの対応は不可欠である。新規参入者確保を強く推し進めるためにはこの点は十分に確立されなければならない。

そのためには、既存の農業振興というパラダイムより一層進んだ地域の特色を生かした地域振興というパラダイムからアプローチする必要がある。また、その際には、自治体・農協・農業委員会等の農業関係機関の独立した取組みではなく、栗山町にみるような各関係機関が連携した組織体を母体として展開していく新たな仕組みづくりが求められる。

3　専門農協からみた協同組合の存在意義

専門農協の位置づけ

日本における農協は、大きく総合農協と専門農協に区分される。だが、双方の分類には明確な定義はなく、とくに専門農協についての明確な定義はなされていない。農林水産省は総合農協を「信用事業を行う農協」とし、総合農協と対比する概念として総合農協以外全てを専門農協と捉えている。なお、「第15次農業協同組合統計表（専門農協の部）」（1964）では、専門農協を養蚕、畜産、園芸等特定農業を対象とした農協及び信用事業を行わない一般農協と定義している。しかし、専門農協も協同組合として、協同組合の理念を持ちながら組合員のための様々な事業を展開し、組合員の経営安定等を図っている。

そこで、ここでは専門農協からみた協同組合の存在意義について考えてみたい。具体的には1970年代初頭で北海道における戦後開拓が収束し、多くの開拓農協が解散または一般農協と合併を進める中で、開拓農協が結集し設立された畜産専門の連合会組織である北海道チクレン農業協同組合連合会（以下、チクレン）の事業展開を取り上げ、専門農協の存在意義について考えてみたい。また日本の専門農協の縮小の動きとは異なる様相にある、韓国の専門農協（韓国ドドゥラム養豚協同組合）の事例から日本の専門農協の事業展開に示唆できる点を探ってみたい。

チクレンの設立と事業展開

1974年3月に設立されたチクレンは、畜産の専門農協として北海道の畜産経営の安定化と開拓営農の発展に努めてきた歴史をもつ。戦後開拓が収束し、多くの開拓農協が解散または一般農協と合併を進める中で、畜産を中心に自立経営を目指す開拓農協が結集し、設立された畜産専門の連合会組織である。

チクレンの会員は現在11農協と１株式会社、１畜産開発公社で構成されており、11農協は開拓農協と合併した総合農協である。

チクレンの事業は購買事業、販売事業、融資事業、預託生産事業、生産指導事業の５つに分けることができる。購買事業は会員農協に対する飼料、肥料、農機具、種苗などの生産資材の計画供給が主であり、販売事業は会員農協が生産した肉牛等の流通・販売が事業の柱である。融資事業では、会員農協への長期・短期経営資金の貸出を行っており、預託生産事業では会員農協に肉用牛を預託し、国際競争力のある低コスト牛肉及び高品質牛肉の生産を促進するため、乳用去勢牛、交雑牛（Ｆ１）、乳用経産牛、外国肉専用種の肥育を行っている。また、生産指導事業では会員農協傘下組合員の家畜の改良、乳質、肉質の改善など家畜の飼養管理技術、飼料給与技術等の経営合理化指導を実施している。

図２・１はチクレンにおける購買事業の事業取扱高を示したものである。この図からチクレンの購買事業で飼料の割合がかなり大

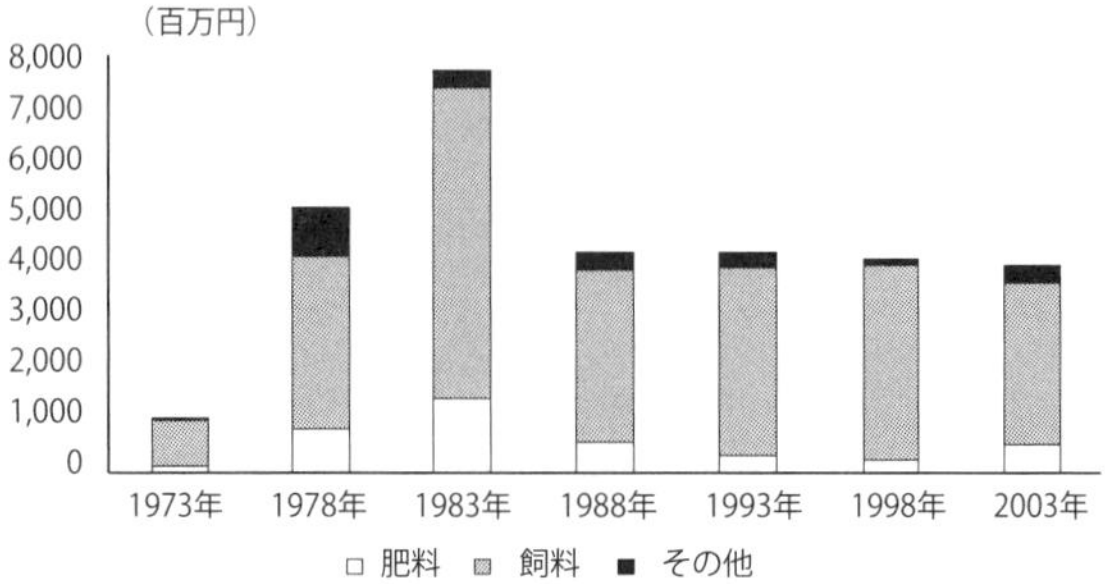

図2・1　購買事業の推移

注）『チクレン三十年の歩み』により再作成。

きいことがわかる。チクレンの飼料供給は傘下に飼料工場を所有していないため、現在、民間飼料メーカーとの連携を通じて会員農協経由で組合員畜産経営に供給している。２０１５年度のチクレンの飼料出荷実績を示したのが**図２・２**である。この図からみると、チクレンの飼料出荷はＡ飼料メーカーが最も多くなっており、会員農協傘下組合員の規模拡大に際し農協、チクレン、Ａ飼料メーカーが協力し、新たな法人設立の動きも始まっている。その背景には飼料供給の仲介役として位置づけられているチクレンの存在が重要となっているのである。

　歴史的・構造的な問題を背景に開拓農協は解散または一般農協との合併を進めてきたわけであるが、一般農協へ移行した旧開拓農協組合員をチクレンは会員農協とともに継続してサポートする体制をとり、小規模な市場規模であるが故に飼料メーカーとの連携によって飼料供給を行い、同時に飼料メーカーとともに生産技術指導を実現している。チクレンは、旧開拓農協解散後においても、会員農協や傘下組合員の経営安定化

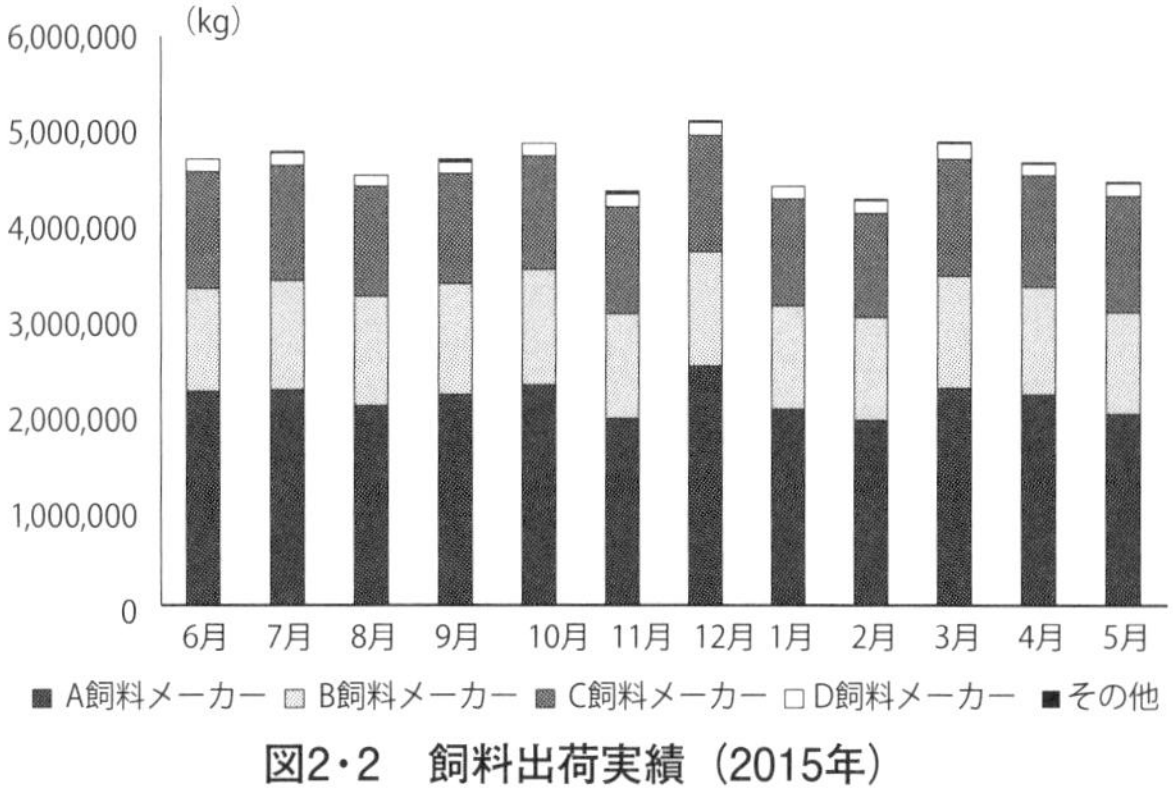

図2・2　飼料出荷実績（2015年）

注）チクレンの業務資料により作成。

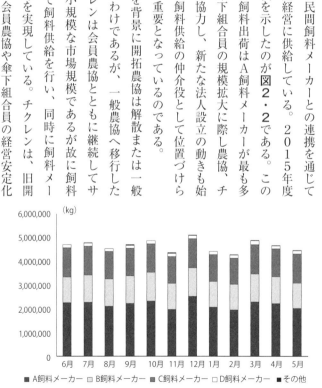

において継続的な支援を行い、加えて預託生産事業にみるような肉牛生産の高い飼養管理技術を畜産専門の農協組織として持ちながら、その存在意義を示しているのである。

韓国ドドゥラム養豚農協の設立と事業展開

韓国ドドゥラム養豚農協は、１９９０年10月に京畿道利川市に所在する養豚経営13戸によって設立された利川養豚組合が前身である。飼料費の高騰と豚肉市場の開放化が進む状況の下で、養豚経営の経営安定を図ることが主たる目的であった。株式会社であった利川養豚組合は、１９９２年２月には飼料部門の導入のため、傘下に（株）ドドゥラム飼料を設立し、同年11月には豚肉の流通と販売に取組むため、（株）ドドゥラム流通を設立し、飼料調達と豚肉の流通や販売に取組む基盤を整備した。その後、養豚経営の経営安定のための会社形態の変更の必要性が浮上し、現在の協同組合のかたちとなり、社名もドドゥラム養豚農協とした。

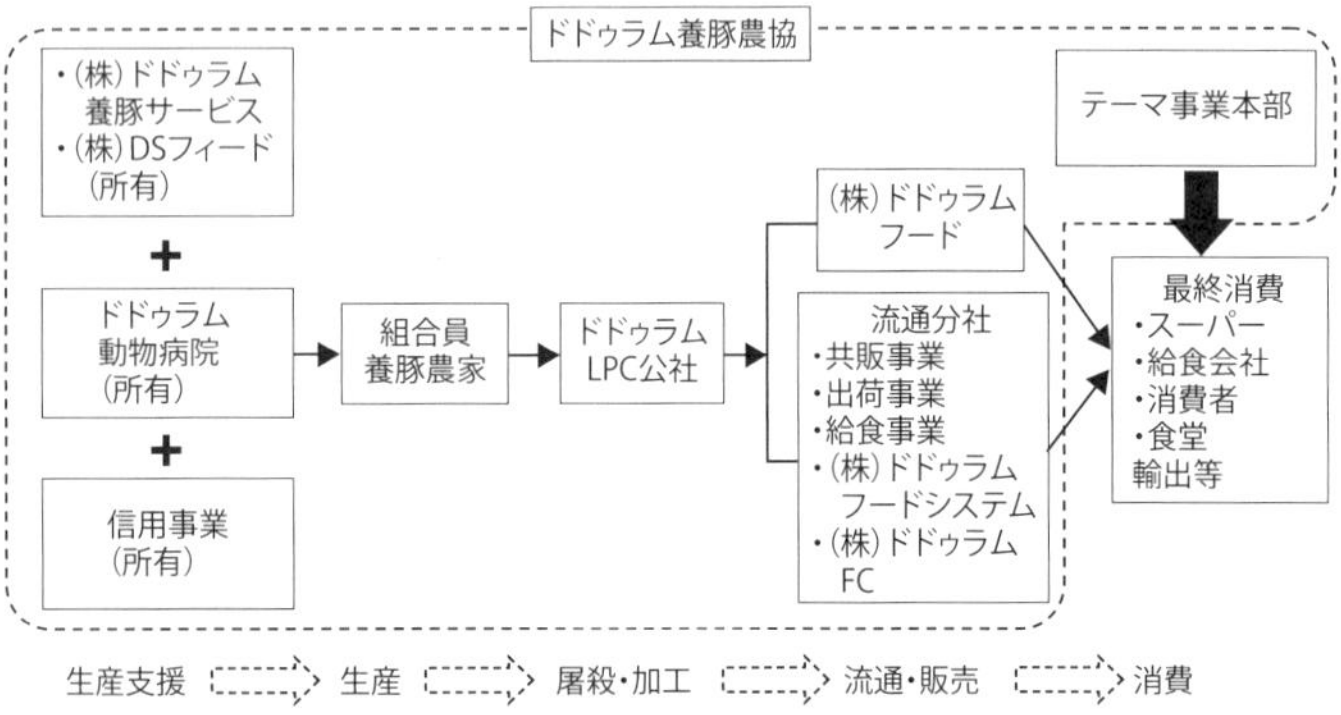

図2・3　ドドゥラム養豚農協の事業構造

注）ドドゥラム養豚農協聞き取り調査により作成。

その後、ドドゥラム養豚農協は農協中央会加入、全北養豚農協と光州・全南養豚農協との合併、安城畜産振興公社の引受けを行い、事業部門を飼料生産と豚肉の流通と販売のみならず、豚の育種、養豚経営への経営コンサルティング、屠畜、副産物の販売、レストラン、テーマパーク運営にまで拡大した。また、信用事業が可能となり養豚経営への資金支援ができるようになった。

このように、ドドゥラム養豚農協の事業展開は養豚における生産・生産資材供給・流通・販売・経営指導等の全部門に携わるインテグレーションのような事業構造（**図2・3**）を持つようになり、これに信用事業が加えられ、ドドゥラム養豚農協はより一層アップグレードした経営支援サービスを養豚経営に提供することができるようになった。また、このことが組合員数の増加につながり（**図2・4**）、養豚経営の経営安定とドドゥラム養豚農協の事業安定および発展という好循環をもたらす原動力となっている。さらに、このような

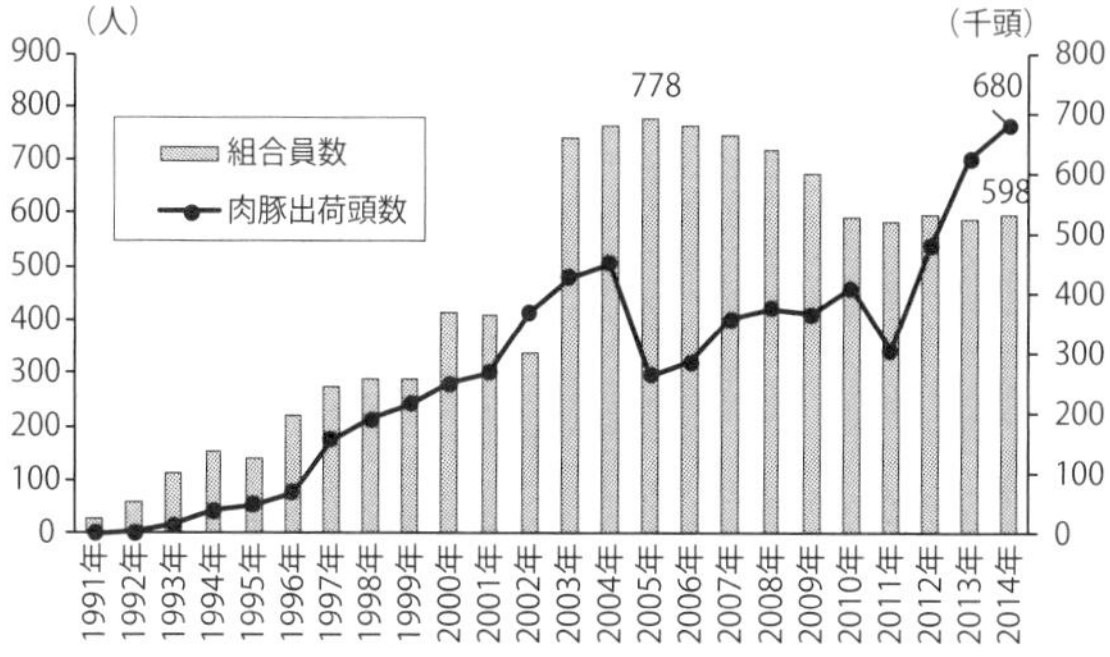

図2・4　組合員数と肉豚出荷頭数の推移

注）ドドゥラム養豚農協聞き取り調査および『ドドゥラム25年史』（2015）により作成。

循環は今後、協同組合型大型パッカーを育成し、それを中心に豚肉流通市場再編を想定している韓国政府の計画とも噛み合う点が多く、ドドゥラム養豚農協の今後の取り組みが期待されており、その存在意義がより強固なものになると考えられる。

専門農協からみた協同組合の存在意義

畜産の専門農協であるチクレンは、購買・販売事業のほかに融資事業、預託生産事業、生産指導事業を展開している。なかでも総合農協の事業では見られない預託生産事業は、チクレンという畜産専門農協がこれまで培ってきた高い飼養管理技術をフルに活用した専門農協だからこそ展開可能な事業であり、専門農協の存在意義が全面的にうかがえるものである。一方、韓国の養豚専門農協のドドゥラム養豚農協は、事業展開を飼料の調達及び豚肉の流通・販売に留まらず、養豚全部門に拡大している。つまり、積極的な事業の多角化を通じて組合員の経営を支援しているのである。韓国ドドゥラム養豚農協の多様な事業のうち、韓国の飼料市場において大きな反響を呼んだ飼料原価公開と豚育種への直接的な進出、ブランド豚肉を活用したレストラン運営、一般消費者向けの広報活動実施等は韓国ドドゥラム養豚農協の専門性を強化した、専門農協だからこそできた事業であり、このような事業多角化は日本の畜産専門農協の事業展開に示唆を与えるものである。両農協の取組からもわかるように、専門農協だからこそ展開できる事業は存在し、畜産部門においては専門性を有する点から専門農協の存在意義は非常に大きなものがあるのである。

【関連研究】

(1)正木卓「北海道中山間地帯農業における土地利用部門の再構築に関する研究—先進野菜産地を事例として—」『北海道大学大学院農学研究院邦文紀要』33巻2号、２０１４（学位論文）

(2)正木卓「北海道における系統農協組織の改革プランとその方向性」『農業・農協問題研究』57号、２０１５

(3)坂下明彦・小林国之・正木卓・高橋祥世『総合農協のレーゾンデートル——北海道の経験から』筑波書房、２０１６

(4)正木卓「改正農協法下における農協監査制度の課題と中央会の対応—北海道を事例として—」『農業経済研究』88巻3号、２０１６

(5)正木卓「大規模経営の購買戦略——チクレン」『農業と経済』82巻9号、２０１６

(6)正木卓「北海道における生活拠点としての店の役割—生協の取組と農協との協同組合間協同から—」『にじ：協同組合経営研究誌』６５８号、２０１７

(7)正木卓「農協が支える地域インフラの実態—北海道厚生連を事例に—」『にじ：協同組合経営研究誌』６６1号、２０１７

(8)正木卓・高恵琛・坂下明彦「北海道における協同組合のレーゾンデートル」『協同組合研究』37巻1号、２０１７

II　先進的農家の自主的研究会と農協営農指導の再構築

中村正士

農家の自主的研究会は、同じ考えを持った先進的農家が自主的に集まり、共に目的に向かって協力し合う組織である。しかし、地域での技術普及に重要な役割を果たしているにもかかわらず、農協の部会組織や営農指導事業からは組織外の活動と見なされ、これまでほとんど注目されてこなかった。

そこで、ここでは、先進的農家の自主的研究会の活動が地域農業を動かし、農協営農指導事業に波及していった事例を取り上げる。

1　水稲直播栽培技術の普及――いわみざわ農協

米生産に大きな影響を及ぼす経済環境変化のなかで、これまで以上に米生産農家にはコスト削減や省力化が求められ、その解決策の一つとして直播栽培による生産技術が注目されるようになった。直播栽培は、稲作のコスト削減や省力化をもたらす革新的技術として普及が期待されているが、技術的不安定さや収量水準の低さなどが指摘されており、研究開発的要素が残る技術でもある。

北海道では直播栽培は、1920年代に作付面積の約8割にまで達したが、その後殆ど姿を消した。それ以降、試験的な栽培が続けられてきたが、近年、省力化技術として再び注目され、2017年度には2,273haに達するまでに増加した。しかし、まだ全水稲作付面積に占める割合は2・2%（2017年度）にとどまる。そうしたなかで、道内で最も大きな直播栽培の栽培面積を占めるのが岩見沢地域である。

革新的技術としての水稲直播栽培

いわみざわ農協の地域は北海道の中西部に位置する豪雪地帯で、隣接する6農協が合併し、組合員数は約1,500名の農協である。基幹作物は水稲で転作作物としてタマネギ、小麦、大豆、野菜などのほか花き、果樹などが生産されている。

農協管内の直播栽培は、2009年ごろからから急激に増加し、14年度には450haに達し地域の水稲作付面積の約5・7%にまで拡大した。直播栽培の増加の理由は、直接的には大きく三つに集約される。まず、高齢化などによる担い手の不足による春先の労働競合や労働過重、第二に、急激な規模拡大に伴う機械・施設投資の増大、第三に、転作作物の麦・大豆での連作障害による収量の伸び悩みと品質低下である。

岩見沢地域での直播栽培は、湛水直播と乾田直播の両栽培法が行われており、2008年頃までは湛水と乾田が半々であったが、近年は転作作物の小麦・大豆跡に畑作状態で播種する乾田直播が90％以上を占めている。その理由は、転作作物の小麦と大豆の連作障害と労働力不足を回避するための空知型輪作の普及である。

直播栽培の導入の理由として最も期待されているのは、育苗から移植までの省力化であるが、直播栽培は苗立ち確保のために播種量が多いことや初期期間が長く除草剤の増加が指摘されている。10ａ当たりの労働時間については、湛水直播は移植栽培の64％、乾田直播は59％であり、省力効果は明確である（**表２・４**）。

自主的研究会の活動の役割

府県の事例では直播栽培の普及・定着に農家の自主的な研究会組織の重要性が指摘されており、いわみざわ農協においても自主的研究会の活動抜きには直播栽培の普及は考えられない。岩見沢地域における直播栽培に関わる自主的研究会の活動は、初期段階の研究会活動とそれに連なる水稲直播研究会活動からなっており、農家の自主的な集まりである。

この地域での直播栽培の嚆矢は、１９９５年頃に公的機関が実施した

表２・４　直播栽培と移植の経費および労働時間の比較

	移植 (1)	湛水直播 (2)	差 (2)−(1)	乾田直播 (3)	差 (3)−(1)
種苗費	1,187	4,655	3,468	5,586	4,399
肥料費	9,251	9,903	652	9,182	△69
農薬費	5,108	7,541	2,433	7,541	2,433
生産資材費他	21,639	12,589	△9,050	12,109	△9,530
資材費合計	37,185	34,688	△2,497	34,418	△2,767
10a当り労働時間	14.5	9.3	△5.2	8.6	△5.9

注１）『水稲直まき栽培マニュアル Vol.1』JAいわみざわ地域農業振興センターによる。原データは空知農業改良普及センター生産技術体系。
２）湛水直播はカルパー処理なし、移植は20ha規模で完結型。

無人ヘリによる実証試験や隣接地域における直播栽培に刺激された一部の先進農家による試験栽培である。

直播栽培を手がけた先進的農家は、水稲農家の経営規模拡大に伴って労働力問題が深刻化し、作業の省力化が重要な課題となるなか、将来に向けた省力化技術として直播栽培の導入が欠かせないと考え、実証試験に取り組んだが取り組み農家数は増加せず、２００６年時点でも僅か7戸（16 ha）であった。そうしたなか、直播栽培技術を習得した普及員が着任し、農協に直播栽培を提案したことが発端となり、条件付ながら農協が直播栽培の普及に協力することになった。これを契機に組織化の気運が盛り上がり２００９年に正式に水稲部会とは別の組織として直播栽培研究会が設立された。

この研究会では、栽培試験、生育・収量調査、共同利用の直播用播種機の運行調整、技術指導など日常活動を行っており、農協の営農指導的役割を担っている。また、研究機関や資材メーカーも参加する現地研修会や成績検討会を開催し、全会員の単収などが発表され、情報交換を行っての場としても機能している。農協は研究会に対し財政的支援はせず、単に事務局を担っており、自主的な活動という位置づけである。

一般的に革新的技術が地域に導入される場合、農家間で新技術に対する評価や考え方の相違から、摩擦が生まれることが多いが、この事例では既存組織との目立った軋轢は見られなかった。当初、農協内における水稲直播技術に対する評価は、「直播栽培は遠い将来に向けた技術」であり、収量の安定性や雑草防除、圃場整備、直播用良食味品種の開発などの課題を解決しなければ普及は難しいという見解が支配的であった。約15年にわたる自主的研究会での栽培実績を見て、農協内でも導入のメリットが徐々に認識されるようになり、「コスト低減の効果は少ないが、省力化技術として春先の労働競合と過重の回避や水稲面積の確保のための緊急避難的な作付には有効」との評価に変わった。転作作物での連作障害による収量低下や病害発生、遊休農地の増加に伴う水張面積確保、規模拡大時の施設投資増大などの解決策として、農協は直播栽培の導入を認めたのである。

農協営農指導事業への影響

次に、本論における新技術の普及過程をE・ロジャースの『イノベーションの普及』を参考に解析してみたい。

地域における技術導入に関る社会システムは、地域内と外部のシステムから成る。外部システムは、大学や試験研究機関、農業資材を製造販売する民間企業などからなり、研究員や営業・技術担当者などを構成員として、新技術や情報を内部システムの構成員に伝える機能をもつ。内部システムは、地域内の普及センターおよび農協営農指導部門からなり、その構成員は普及員と農協営農指導担当者、研究会の先進的農家である。導入農家は革新的技術をいち早く導入した少数の先進的農家とそれにつづく一般導入農家に分かれる。

地域に普及される新しい技術や情報は、民間企業担当者から直接入手することも多いが、通常外部システムから内部システムの普及員に伝達され、営農指導担当者の協力を得ながら研究会構成員へ普及される。

事例では、①知識、②説得、③決定、④導入、⑤確認の各段階を経て農家に新技術が導入された（図2・5）。先ず、導入農家は①「知識」段階として、先進的農家や普及員から直播栽培という新技術情報を得た。②「説得」段階では、普及員や先進農家から導入の説得を受けた。つづく③「決定」段階では、農協の導入方針の決定や研究会設立などが契機となり、農家は技術導入を「決定」した。一部の農家は雑草対策や低収量に対する不安から決定を見送った。④「導入」段階では、収量確保に一定の見通しが立ち直播用品種米の販路に目途がついたことから農家は導入に踏み切った。最終段階の⑤「確認」段階では、全会員の単収が発表される成績検討会で新技術導入の効果が検討された。

農業の技術普及においては、これまで農業試験場や普及センター、農協営農指導部門は、技術指導・普及の機能を担う機関として位置づけされ、新技術を普及する場合、多少の改良点はある

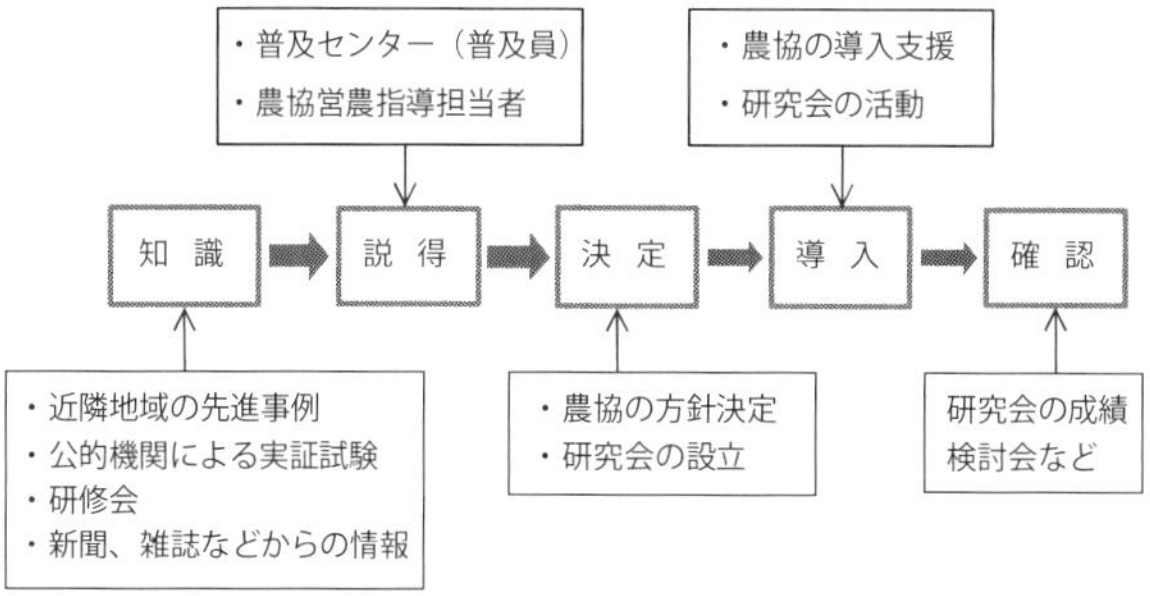

図2・5　新技術の普及過程

注）筆者作成。E.M.ロジャーズ（2010）「イノベーションの決定過程モデル」に事例を当てはめた。

にせよ、こうした機関は「確立された技術」を農家に普及することが前提となっている。しかし、この事例では農協は技術の安定性などに疑問を持っており普及には消極的であった。これに対し先進的農家は技術に改良を加え、実績を積み上げることによって、農協営農指導部門の考え方を変化させたのである。さらに、技術的情報の収集・提供の面でも、先進農家は率先して種々の情報を入手し、自ら試験栽培を行い農協営農指導部門に情報を提供している。これらから、研究会のメンバーは、技術導入を説得される立場にあるはずだが、実際には革新的技術導入を牽引し、農協営農指導に代わって普及の補助機関としての役割を果たしたといえる。

2　農協の危機を救った自主的研究会――とうや湖農協

ここでは、とうや湖農協における先進的農家の自主的研究会活動によって、クリーン農業（環境保全型農業）の普及がなされ農協事業の好転をもたらした事例を取り上げる。

地域における新作物や新技術の導入は、生産計画策定や栽培技術の平準化、品種・出荷規格の統一などとともに、普及センターと連携しながら農協営農指導部門および生産部会を通じて行われる。こうした仕組みは、迅速な情報伝達や栽培基準の統一、組合員間の公平性の確保などの面では非常に優れており、農協事業のなかで重要な役割を果している。しかし、現実には生産部会や農協営農指導部は必ずしも先進的農家などの提案を簡単に受入れるわけではなく、組織内の合意形成が困難な事例も数多く見受けられる。生産部会などにおける合意形成は、民主的組織運営や失敗のリスクを未然に防ぐうえでは不可欠だが、新技術導入の障害とも成り得る。

とうや湖農協は北海道の南部に位置し、１９８７年に設立された洞爺湖周辺農協による道内で初の広域合併農協である。生産品目は水稲、野菜、果樹、生乳、肉牛、豚などで、野菜では馬鈴しょや長いも、ニンジンなどのほか約50品目を生産しており、この地域は古くから施設園芸が盛んな地域でもある。

新技術としての「クリーン農業」とGLOBALG.A.P.

「クリーン農業」とは、１９９１年から北海道で開始された取り組みであり、環境保全型農業と同義である。具体的には、有機農業や特別栽培、北海道独自のYES! clean、エコファーマーなどの取り組みを通じて、土作りを基本に化学肥料と化学合成農薬の使用を低減させ、自然環境の保全や環境に配慮した持続的な農業を目指している。

ＧＡＰ（Good Agricultural Practices）は、農産物の生産工程の管理手法であり、農場において農産物の安全性や環境保全、労働安全の観点から農場におけるリスク評価を行い、評価に基づいた改善を行う。ＧＡＰ認証の制度は複数あり、国際的にはGLOBALG.A.P. 認証（以下、Ｇ－ＧＡＰ）が標準となっている。Ｇ－ＧＡＰは、有機ＪＡＳや特別栽培のように農産物の栽培方法についての基準ではなく、農作物を生産する場所（管理点）がＧＡＰ基準に適合しているかを第三者が認証しているに過ぎない。

また、G－GAPは農産物の品質保証ではなく一般的には販売価格が上がることも期待できない。

先進農家の自主的研究会活動によるクリーン農業の普及

とうや湖農協の合併当時は、野菜は作れば作るだけ売れ、単収が直接収益に結びついた時期である。この頃、農家は収穫量を高めるため化学肥料や農薬を多投し、連作による障害も目立つようになった。農薬による防除もスケジュール的に行っており、堆肥施用や緑肥栽培などによる土づくりも限られた農家しか取り組んでいなかった。こうした栽培によって農産物の品質低下を招き、遂には主要取引先からクレームが来るに至り、1988年頃から農協の青果物取扱高は減少し始めた。

こうしたなか、農薬散布による健康被害を受けた一農家が、化学肥料・農薬の多投による収穫量に偏重した生産方法に疑問をもち、1989年に土づくりを基本にした有機栽培や減農薬・減化学肥料による栽培を試験的に始めたのが自主的研究会活動の嚆矢である。この農家は、まず近隣の土づくりに熱心な3戸の農家を活動に誘い、新しい栽培法に挑戦したが、研究会は名称や規約も決めず、販売や栽培方法も各農家任せの自主的な集まりであった。

この研究会のメンバーは、青果物の生産や販売における「量」を重視した当時の生産部会や農協営農指導部門の考え方に対し、量的に劣る品質重視の生産農家との公平性を欠くと考えた。すなわち、品質に差があるにも拘らず価格が量のみで決定され、収穫量の増加に重点を置いた営農指導に疑問を持ったのである。

土づくりを基本にした有機栽培や減農薬・減化学肥料栽培は、それまでの栽培方法とは異なり、雑草防除に労力がかかり収量も伸びなかったが、4戸の農家は自分達の栽培法を記録し仲間内で公開することによって、互いに優れた点を学んだ。地域内の減農薬・減化学肥料栽培の優良事例などを学ぶと共に、土壌中の残留農薬など環境的な影響も調べた。

生産したクリーン農産物は価格的に競争力が低く、販売は思うようには進まなかったが、減農薬・減化学肥料栽培農産物にこだわりを持っていた生協などを紹介され、試食した消費者から「味が良い」との評価を受け、継続的取引が実現した。これをきっかけに一気に注文が増加し、生産農家を拡大しなければならなくなった。また、農作業の傍らの会計処理は難しく、農協に手数料を払い事務を委託せざるを得なかった。こうしたなか、BSE発生などを契機として、消費者の食品安全に対する意識が一気に高まった。食品安全に対する消費者意識が高まるにつれ流通業者にもクリーン農業が注目されるようになり、自主的研究会活動への参加農家が増加した。

クリーン農産物研究会の活動

先進農家グループによる自主的研究会活動が始まって8年後の1996年には、注文増加により出荷や事務作業の増加もあって、新たに農家15戸による「クリーン農産物研究会」（以下、農産物研究会）

が設立されることになった。農産物研究会は、事務局は農協支所に置いてはいたが、農協に施設利用料を払って選果場を利用し、生産部会とは別に収穫物の集荷や選果を行った。栽培方法の統一や技術指導、取引先の決定や交渉も自ら行い、先進地視察なども経費は全て会員の自己負担であり、新たに設立された農産物研究会も初期の自主的研究会と同質の組織であった。

農協の技術指導に対する基本的考え方は、技術指導は普及センターに全面的に依存するというものであり、当時の農協営農指導担当者は、クリーン農業に関する知識も十分ではなく、農産物研究会のなかで経験のある農家が、技術的に未熟な農家に対し栽培法を指導した。一方、当時の農業改良普及員も減農薬や減化学肥料による野菜栽培の技術や知識は十分ではなく、農産物研究会は普及員による指導は不可欠と考えていたが、「減収しても責任がとれない」という理由から、研究会の活動に深く関与することはなかった。

主な出荷先である生協は、毎年生産現場を訪れて実施状況をチェックし、消費者を含めた意見交換も行われ、実需者との信頼関係の醸成に重要な役割を果した。

農産物研究会は、土づくりに熱心な農家を勧誘することによって徐々に会員数を増やし、最大で39戸にまで増えた。そうしたなかで、農産物研究会の役員は、出荷量の増加による野菜の品質低下を最も恐れ、YES! clean より厳しい栽培基準を会員農家に要求した。その結果、基準が守れず一定期間出荷停止のペナルティーを科される農家もおり、栽培方法の統一には約6年を要した。こうしたクリーン農業の取り組みは全国的にも評価され、第4回環境保全型農業コンクール優秀賞を受けた。

農産物研究会が活動を続けるなか、とうや湖農協の青果物の取扱高は、1991年頃から下降線を辿った。農産物研究会メンバーは、当時の営農指導や販売方法では農協経営だけでなく、地域農業にも深刻な影響が出るとの危機感から、2001年に栽培基準や営農指導の体制、組織合理化などの改革案を農協に提案した。しかし、それまでの「量」を重視した生産とは異なり、「品質」を重視した栽培法への転換は減収への不安があったことや、農協内でクリーン農業に対する理解が十分浸透していなかったこともあり、提案は農協執行部や生産部会には受け入れられることはなかった。

この間、農協の青果担当職員は、慣行栽培とクリーン農産物の別々の集荷・選別は、作業が煩雑になり対応が難しいと考えていた。他方、農協執行部と生産部会は、クリーン農産物も慣行と同様に生産部会を通して販売すべきだと主張していた。一方、農産物研究会のメンバーは、生産部会のもとではクリーン農産物の栽培基準が守られず、慣行栽培の農産物と同じ扱いを受けてしまうことを危惧した。

農協による新技術の受け入れ

こうした農協内部でのクリーン農業に対する意見の相違は長く続き、自主的研究会の活動開始後約15年経った2003年に、農協執行部はようやく農産物研究会の提案を受け入れたのである。農協の方針転換の理由は、当時農協の経営状態が危機的な状況にあり、農協執行部は青果物取扱高の回復には栽培法の転換による品質向上や実需へのクリーン農業による野菜生産での訴求が欠かせないと考えたからである。また、生協などとの取引増加や環境保全型農業コンクールの受賞なども要因となっている。

農協ではクリーン農業に当たって、農協の営農販売部や資材部に「クリーン農業チーム」を結成し、農協全体での推進体制が整えられた。また、それまでの農産物研究会を発展的に解散し、全ての生産部会を構成員とする「クリーン農業推進協議会」（以下クリーン推進協）が設立されたことによって、クリーン農業に取り組む生産者は**表２・５**に示すように順調に増えた。

とうや湖農協はクリーン農業の取り組み実績を活かして、２００９年にはわが国の農協としては始めてＧ－ＧＡＰ団体認証を取得した。認証取得の契機は、有機・特別栽培農産物の販売を手がける仲買業者からの要望であるが、取引上の有利性やブランド・イメージの向上という理由から、農協やクリーン農業に取り組む生産者はＧ－ＧＡＰ認証取得を決断したのである。

表2･5　とうや湖農協におけるクリーン農業普及の年次推移

	年次	2001	2003	2005	2007	2009	2011	2013	2015	2016	2017
エコファーマー	認定者数（人）	0	62	70	100	107	111	106	100	98	98
	面積（a）	0	110	126	200	325	325	326	319	282	282
YES! Clean（特別栽培を含む）	認定組織数	2	10	11	14	17	17	17	17	17	17
	品目数	—	11	12	15	18	18	18	18	18	18
	面積（a）	—	224	248	388	455	416	420	385	419	387
第三者認証取扱高	億円	—	2.5	4.2	7.7	7.1	9.3	9.9	—	12.2	—
クリーン農業普及率	%	10	26.7	30.0	40.0	46.2	49.0	52.3	55.0	55.2	46.6
G-GAP	認証数（人）					15	16	16	13	13	11

注１）とうや湖農協資料により作成。
　２）クリーン農業普及率は、畜産専業農家を含む全生産者に対するクリーン農業取組み農家の割合を示す。
　３）「—」は、不明を示す。

新技術導入による農協運営への影響

　クリーン農業の普及は農協経営にも大きく影響した。合併直後から30年間の青果物取扱高と事業利益の推移を**図２・６**に示す。青果物取扱高は１９９１年までは合併の効果もあり25億円を超えていたが、１９９２年からは急速に減少する。クリーン農産物研究会の発足した１９９６年頃には、取扱高は20億円を割り込むまでに減少した。こうした青果物取扱高の低迷は、10年後の２００５年頃まで続き、その原因は、前述のように農産物の品質低下とそれによる取引先からのクレームの増加および販売価格の低下である。

　一方、農協全体の事業利益も、合併後２００１年ごろまで赤字がつづき危機的な状況にあった。前述のように農協がクリーン農業による野菜生産振興に転換するまでには長い年月を要したが、クリーン農業による量から質を重視する方針への転換により２００６年頃からは青果物取扱高

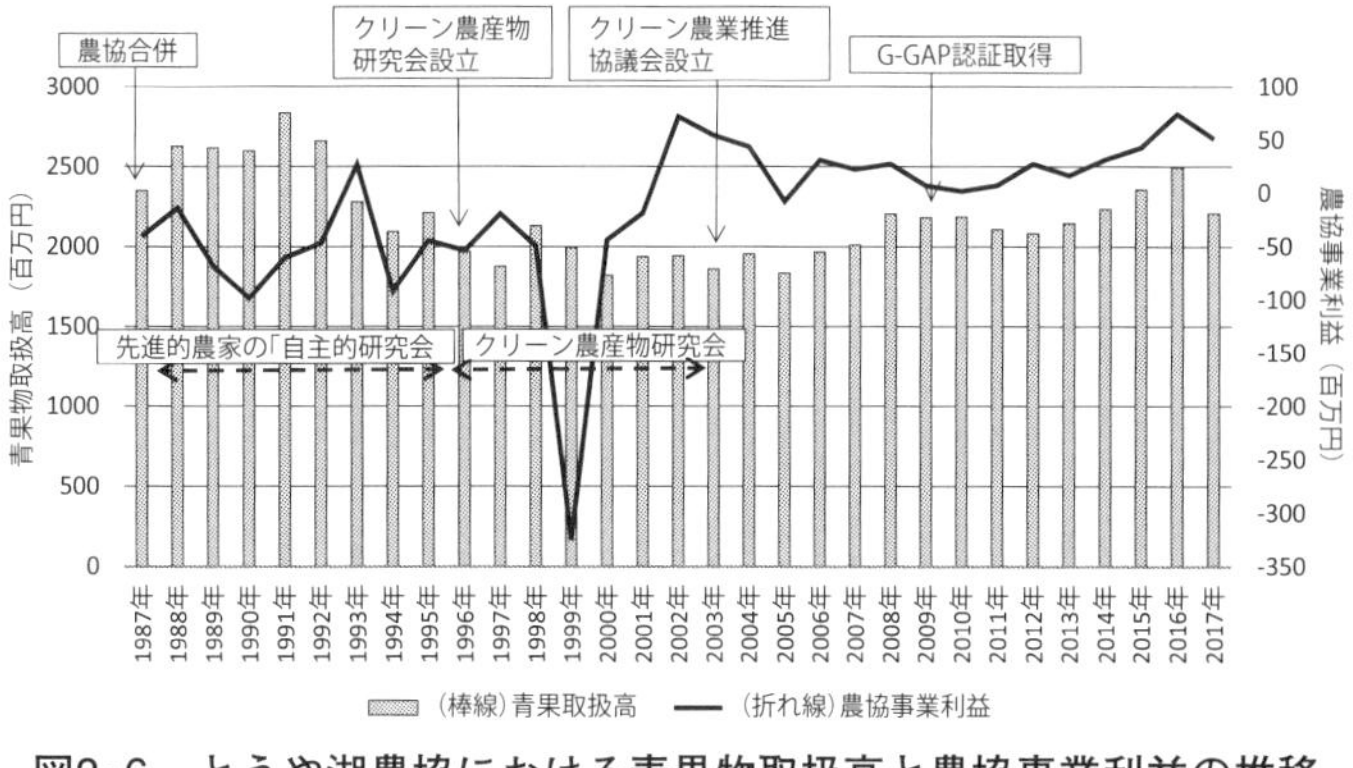

図2･6　とうや湖農協における青果物取扱高と農協事業利益の推移

注）とうや湖農協『合併30年のあゆみ』（2017年）により作成。2017年のみ総会資料。

は徐々に回復し始め、農協全体の事業利益も好転し赤字から脱却している。

この事例で注目すべき点は、先進農家の自主的研究会活動が農協営農指導体制や農協運営の変革にも大きな役割を果したことである。その背景に合併農協特有の問題もあったが、クリーン農業に取り組んだ先進農家が農協事業や農産物の品質、健康、消費者の食品安全に対する意識などに関心を持ち「主体的に考え行動」したことがクリーン農業の普及につながったと考えられる。また、自主的研究会に参加した農家は、農協運営から一歩離れた立場で、地域や野菜生産の問題について考え活動したことが、結果として地域内での新技術導入に結びついたと言える。

事例を踏まえて、自主的研究会と農協営農指導について考えてみる。

戦後の農協営農指導事業および改良普及事業は、農家の指導・教育を通じた「主体的に考え行動する農家の育成」が目指され、農家への基礎的技術や最新の農業技術の普及に貢献してきた。しかし、歴史的な上からの指導という傾向は今日の営農指導にも少なからず残っており、技術指導では上から下への単なる技術の移動という傾向も見られると言われている。

こうしたなか、自ら情報を集め、新技術を導入する意欲的な農家も存在する。しかし、事例のように新しい発想による新技術導入を生産部会などに提案しても「変わり者」とみなされ、受け入れられないことも多い。その背景には、新技術導入は栽培基準や作業体系、受入・出荷など広範な影響があること、組合員間の生産形態や経営規模などの違いにより、新技術導入による利害が対立することもあること、また、生産部会では公平性や平等を重んじる余り、革新的な発想が取り上げ難いことなどが上げられる。

新技術導入の先進的農家は、地域での問題や地域農業振興にも関心が高く、こうした農家がお互いに意見を交換する場として、制約が少なくルーズな組織である自主的研究会が適している。営農指導体制のなかで自主的研究会を位置づけるとすれば、単なる技術の移動や情報提供ではなく、研究会活動として組合員が主体的に考え技術導入に取り組み、成果を営農指導事業に取入れるという機能をもったボトムアップ型のシステムが考えられる。

組合員の農協離れが危惧されるなか、自主的研究会活動と営農指導事業との連携強化は、組合員と農協との関係の緊密化や生産部会の活性化をもたらすと期待される。

【関連研究】

(1)中村正士「革新的技術の導入における農家の自主的研究会組織の役割と農協営農指導―北海道Ｉ地域の水稲直播栽培の導入を事例として―」『協同組合研究』36巻1・2号、2016

(2)中村正士「地域の新技術導入における先進的農家による「自主的研究会」活動の役割―北海道とうや湖農協のクリーン農業とGLOBALG.A.P. の取組―」『協同組合研究』39巻2号、2019

Ⅲ　農協女性部の現状と可能性

高橋祥世

農協女性部は部員の高齢化などにより活動が停滞傾向にあり、その活性化が全国の農協の課題となっている。北海道においても状況は同様であるが、北海道では農業に専業的に従事する女性が多いことや、都府県では女性部が担い手となってきた生活事業に取り組む農協が少ないなど都府県とは異なる背景がある。生活事業とは、組合員の生活に関わる幅広い領域を含む事業で、Ａコープなどの店舗経営や高齢者福祉事業、文化活動などがある。これらの活動は、もともと女性部が行っていた活動が農協の新事業として展開されるなど、女性部と深い関わりをもっている。生活事業に積極的に取り組む府県の農協では、女性部が高齢者のための健康教室を主催し、地元のお祭りを企画・運営するなど、生活事業の担い手となっている。これに対し、北海道の農協においては生活事業への取り組みは今後の課題とされており、農協における女性部の位置づけも不明確といえよう。そのため、女性部の今後の展開を検討するには、北海道の地域特性を考慮した農協女性部のあり方を模索する必要がある。そこで、ここでは北海道の女性農業者と農協女性部の特徴を把握したうえで、先進農協女性部である福岡県にじ農協を取り上げ、女性部の可能性について考察する。

1　北海道の地域特性と農協女性部のあり方

北海道の女性農業者と農協女性部の特徴

まず、北海道の女性農業者の特徴であるが、北海道は男女ともに生産年齢人口（15〜64歳の人口）のいる専業農家の割合が高い（**表２・６**）。都府県と比べて女性が基幹的従事者として営農に強く関与していることに加え、男性も基幹的従事者として就業している割合が非常に高いことが特徴である（**表２・７**）。

続いて北海道農協女性部の特徴を整理する。

表 2･6　北海道における専業農家の割合（2015 年）

単位：千戸、%

		計	専業農家	男子生産年齢人口がいる	女子生産年齢人口がいる	兼業農家
実数	北海道	38	27	19	17	11
	都府県	1,292	416	152	135	875
割合	北海道	100	69.8	51.0	45.3	30.2
	都府県	100	32.2	11.7	10.4	67.8

注）農林業センサスにより作成。

表 2･7　農家世帯員のうち基幹的従事者の占める割合（2015 年）

単位：千人、%

		男女合計	男				女			
			計	20〜39 歳	40〜59 歳	60 歳〜	計	20〜39 歳	40〜59 歳	60 歳〜
世帯員	北海道	122	62	12	18	30	60	9	18	33
	都府県	4,180	2,075	398	566	1,111	2,105	342	557	1,205
基幹的従事者	北海道	89	50	9	17	24	39	4	14	21
	都府県	1,664	954	54	145	755	710	17	118	576
基幹的従事者の割合	北海道	73.0	81.7	75.0	94.4	80.0	64.2	44.4	77.8	63.6
	都府県	39.8	46.0	13.6	25.6	68.0	33.7	5.0	21.2	47.8

注）農林業センサスにより作成。

北海道では農協合併が比較的緩やかに進み、現在でも市町村を単位とする小規模農協が数多く存在する。それにより、北海道では約9割の女性部が500人未満であり、組織規模は比較的小規模である（表2・8）[1]。また、純農村地帯に位置する農協が多いため、女性部の加入者の農家率が非常に高い（表2・9）[2]。一方で、活動内容はJA祭りや地域行事への参加が多く、農作業体験や栽培指導等の農業に関わる活動への取り組みは少ない（表2・10）。

次に、事務局体制についてみると、北海道では女性部の事務局が営農部門に集中している（表2・

表2・8　JA女性組織メンバー数の分布

単位：%

	全体	北海道
50人未満	6.1	22.1
50～100人未満	10.0	33.7
100～300人未満	18.8	31.7
300～500人未満	13.5	9.6
500～1,000人未満	22.2	1.9
1,000～1,500人未満	12.5	—
1,500～2,000人未満	7.6	—
2,000～2,500人未満	3.6	—
2,500～3,000人未満	1.2	—
3,000人以上	4.6	—
平均（人）	897	133

注1）『平成27年度JA女性組織メンバー意向調査・活動実態調査報告書』、JA全中提供資料により作成。
2）—は該当データなしを表す。

表2・9　非農家の割合

単位：%

	全体	北海道
フレミズ	34.7	6.0
ミドル	33.8	13.0

注）表2・8に同じ。

表2・10　地域住民・消費者等を対象にした取り組み（複数回答）

単位：%

	全体	北海道
標本数	598	104
JA祭りへの参加	81.6	68.3
地域行事への参加	69.7	67.3
加工品作り体験	55.2	31.7
地域美化活動	37.6	52.9
農作業・収穫体験	36.8	6.7
高齢者施設への慰問	35.8	17.3
家庭菜園・栽培指導	30.6	7.7
女性大学	30.1	3.8

注）表2・8に同じ。

11）。また、担当者が少なく、専任の担当者が1名を割っており（表2・12）、事務局の女性部に関する学習機会が「特になし」の割合が全国を上回る（表2・13）。

北海道の農協においては2016年の時点で、女性の正組合員に占める割合が17・2％（全国は20・8％）、役員に占める割合が0・5％（全国は5・3％）であり、農協における女性の位置づけが低い。その要因としては、先述したように男性も基幹的従事者として農業に従事するため、男性のみが農協の正組合員となることが多く、女性の農協との関わりが弱いことが考えられる。また、北海道では農業関連事業が農協の中心であり、都府県の農協のように女性が生活事業の担い手として位置づけられてこなかったことも一因であろう。

表2・12　事務局の兼務状況

単位：人

	全体	北海道
専任	2.13	0.70
主たる業務として兼任	2.85	1.15
従たる業務として兼任	6.27	2.31
合計	11.25	4.16

注）表2・8に同じ。

表2・11　事務局の配置

単位：％

	全体	北海道
標本数	608	103
総務・企画管理等	24.4	9.7
信用・共済等	1.0	0.0
営農等	43.4	89.3
生活・福祉	25.5	0.0
その他	5.3	1.0

注）表2・8に同じ。

表2・13　女性組織事務局の学習機会（複数回答）

単位：％

	全体	北海道
標本数	593	101
家の光記事活用に関する研修	35.9	5.0
自己啓発・資格認証等の講座を受講	26.3	9.9
組合員組織とは何かについての研修	17.2	15.8
ファシリテーションやワークショップのすすめ方に関する研修	11.5	12.9
その他	4.7	1.0
特になし	41.8	71.3

注）表2・8に同じ。

北海道における農協女性部の今後の展開

このような特徴をもつ北海道の農協女性部は、今後どのような展開を示すと考えられるであろうか。主に専業の女性農業者で構成される北海道の女性部を、生活事業の担い手としてのみ位置づけるのには限界があるだろう。そこで次の２つの可能性を考えたい。

まず一つ目は、営農を軸とする活動展開である。北海道の女性は生活だけでなく営農の担い手でもある。したがって、営農をひとつの軸として女性の力を結集させることが重要ではないだろうか。北海道内でも女性部員を対象に営農の担い手として育成する動きが出ているが、その延長線上に女性部の活動を展開することも可能であろう。二つ目は、性別にとらわれない活動展開である。近年は青年部でも加工や食育に取り組む事例が増えており、組合員の活動が従来のように「女性は生活、男性は営農」という枠組みに収まりきらなくなっている。他の組合員組織との連携によって、農協における性別役割規範を解消するような活動が可能になるのではないだろうか。

これらの活動を通して女性部が生活と営農、女性と男性の結節点となり、女性部の役割が拡大することで、女性と農協の関係が深まり、女性の農協参画にも繋がっていくと考えられるのである。

2　女性部活動の最先端——福岡県にじ農協

農協女性部の衰退が全国的な課題となる一方で、活動や組織の見直しによって女性部の活性化を図っている農協がある。ここではそのひとつである福岡県にじ農協の女性部を事例として農協女性部の持つ可能性について考察する。

にじ農協の女性部改革

まずは、にじ農協女性部の組織再編について整理する。にじ農協は１９９６年に３つの農協が合併して誕生したが、当時の女性部は部員数の減少等の課題に直面していた。そこで２００１年に組織を見直し、それまでの支部中心から目的別グループを中心とする女性部へ組織を再編している。**図２・７**は再編後の組織図であるが、数百の目的別グループとそれを統括する専門委員会によって編成さ

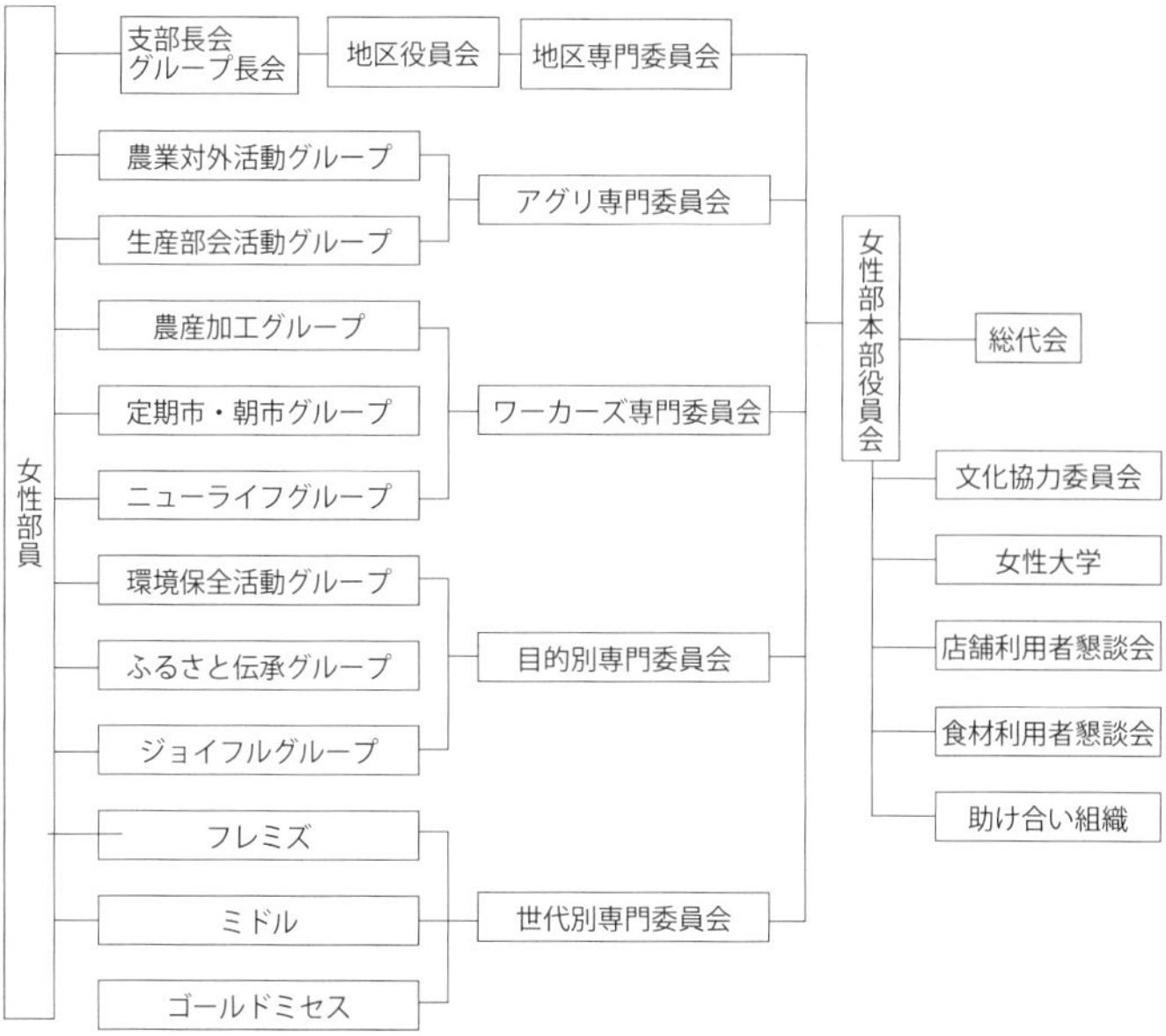

図2･7　にじ農協女性部組織図

注）にじ農協女性部総代会資料により作成。

れている。目的別活動は女性の参加意欲を促し、２００２年以降は部員数の大幅な減少に歯止めがかかっている（図２・8）。

このような改革は、農協における女性部の位置づけが明確であったからこそ実現できた。にじ農協では以前より女性が営農や家計の主体であり、農協への来所者の３分の２が女性であったことから、女性が農協の担い手として認識されていた。にじ農協では農協運動を組合員の「しあわせづくり運動」と考えている。農協が組合員の生活と営農を総合的に支え、組合員の経済的・健康的・精神的豊かさを実現することを理念としており、女性部や青年部はその中心的担い手として位置づけられている。女性の農協参画にも取組み、積極的に正組合員加入運動、総代就任運動を進め、女性の正組合員率30％、総代率20％を達成している。にじ農協では女性が重要な存在として位置づけられており、女性部の活性化が農協全体の課題として認識されていたのである。

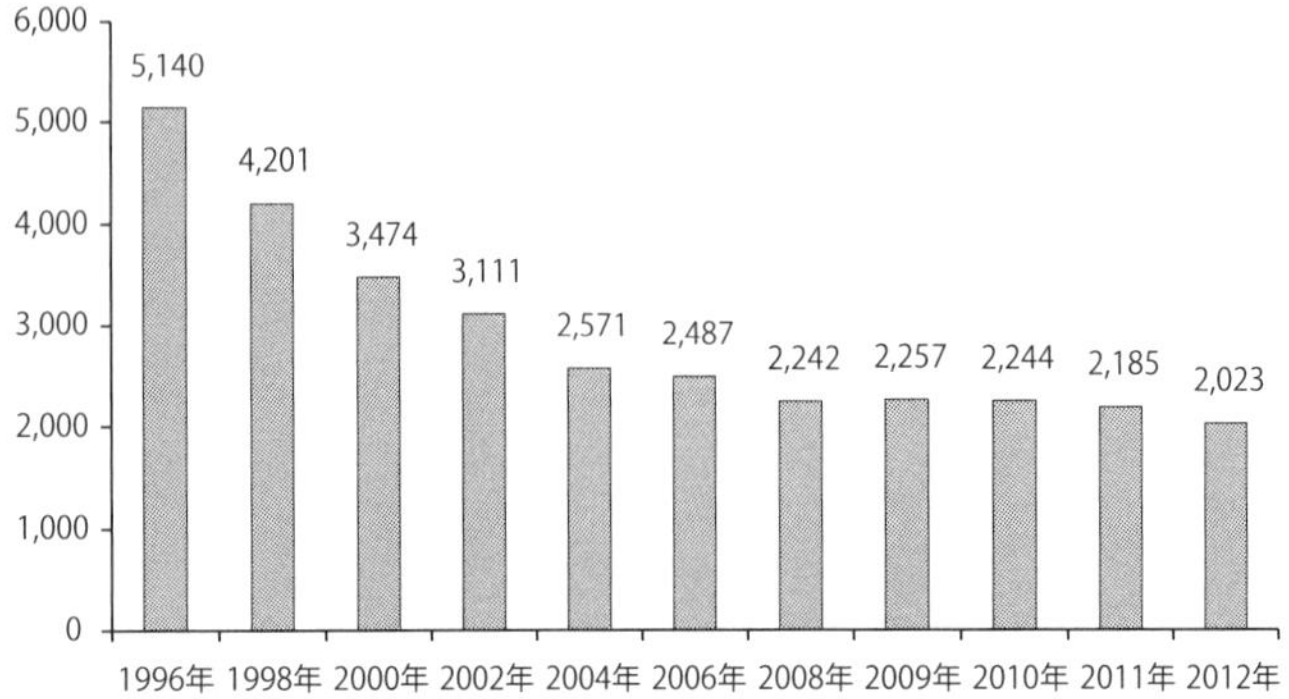

図2・8　女性部員数の推移

注）農協業務資料により作成。

にじ農協女性部の多様な活動展開

にじ農協女性部のおもな活動内容は①農産物生産・販売、②食農教育、③加工品製造・販売、④地域福祉活動、⑤文化教育活動、⑥次世代の人材育成、⑦消費者との交流に大別される。ここからはこれらの活動について、活動主体となる専門委員会やグループに注目しながらその詳細をみていきたい。

①農産物生産・販売

農産物の生産・販売に取組むのはアグリ専門委員会の生産部会活動グループが中心である。このグループは生産部会に組織されていた女性部の一部が農協女性部の組織再編時に吸収されたものである。トマトやイチゴなどの施設園芸では女性が重要な担い手のため、生産部会時代から女性部の活動が活発であった。生産部会の中に女性部が組織されることにより生産・販売面での女性の役割が明確になり、生産部会活動グループは市場や消費地で農産物の宣伝・販売促進に取り組んでいる。

②食農教育

農業対外活動グループは食農教育に力を入れており、おもな活動はアグリキッズクラブでの指導である。アグリキッズクラブは雑誌『ちゃぐりん』を購読する小学6年生までの児童とその保護者を対象に開催される。野菜の収穫体験や味噌づくりなどを通じて、次世代を担う子供たちに地元の自然環境の素晴らしさや農業の価値について伝えている。

③加工品製造・販売

農産物加工を行うのはワーカーズ専門委員会の農産加工グループであり、味噌づくりや特産の柿を使用した商品開発を行っている。最初に製品化された加工品は味噌で、自給運動の実践として管内の小中学校に納入された。にじ農協では2004年に直売所を開設し、売上10億円を誇る農協の一大事業となっているが、人気ナンバーワンは加工品である。直売所の販売額の約35％を占めるこれらの加工品は女性部の加工グループが中心となって製造している。

④地域福祉活動

にじは1999年から福祉事業を始めているが、きっかけは「ホームヘルパーの資格を取得した女性たちの活躍の場を提供して欲しい」という女性総代の発言だった。福祉事業自体は農協の専門職員が担当するが、女性部でも助け合い組織が「ふれあい広場」を開催している。これは年金受給者を対象に年金受給月に月3回（年間18回）健康体操や健康アドバイスをする取り組みで、2008年から始まった。当初はひとつの支店のみで行われていたが、高齢者に評判が良かったため、2011年までに3つの支店すべてで行われるようになっている。

⑤文化教育活動

にじ農協女性部の特徴として、雑誌『家の光』購読運動を積極的に進めている点がある。『家の光』は女性部活動の手本となるだけでなく、「しあわせづくり運動」で重視されている「組合員教育による協同精神の醸成」のためのテキストでもある。目的別グループとして『家の光』年間購読者を対象に家の光グループが結成され、おもな活動内容は映画観賞会、お月見読書会、学習会、家の光大会への参加等である。映画観賞会は毎年その年の話題作を上映し、毎年1000名前後が参加する。お月見読書会では女性部手作りのお月見団子と野点が振舞われ、各地区代表による『家の光』読書やコンサートを楽しむ。家の光大会にも積極的に参加し、普及文化活動体験発表の部の全中会長賞（最優秀賞）や効率普及実績賞等を受賞している。にじ農協女性部の家の光活動は、戦後まだ農家女性に教育の機会が与えられていなかった時代にひとりの若妻が農業や社会に関する知識や情報を渇望し、周囲から白い目で見られながらも畑の横で『家の光』を貪るように読んでいたことからその輪が広がっていったと言われている。時代を超えてなお、にじ農協女性部では『家の光』が読み継がれ、地域の文化・教育の担い手となっている。

⑥次世代の人材育成

にじ農協では女性部再編の際、次世代のリーダー育成をひとつの課題としていた。そのために2007年度に女性大学を創設している。受講対象者は管内の概ね50歳以下の女性で、2年間で食と農、文化、福祉等に関する約40時間の講座を受け、地域の女性の活躍をサポートする土壌づくりに努めている。

⑦消費者との交流

最後に消費者との交流であるが、にじでは地域の住民を対象にさまざまなイベントを開催している。

表2・14はそのうち女性部が関わるおもなものである。自給市は農協の各地区にあるAコープ内に設置されたインショップで加工グループが運営している。地産地消の拠点として青果物や加工品の販売を行い、正月には買い物客に七草がゆを振舞うなど、消費者との交流の場にもなっている。しゃくなげ祭りは地区の加工グループの発案で2013年から始まった。咲き誇るしゃくなげを鑑賞しながら地元名物のだご汁や名産のお茶を味わうお祭りである。支店祭りは農協が支店の活性化のために年1回開催しているが、女性部も出店し祭りを盛り上げている。納涼祭りは子供を対象としたお祭りで毎年3000人規模が集まる。食の文化祭は一度廃止されたが、女性部の働きかけで復活し、青年部と合同でのイベント開催や韓国の農協女性部を招待しての国際交流などに取り組んでいる。女性部は女性部全体、支店グループ、加工グループといった多様な組織単位、参加形態で農協の地域貢献に関わっている。

にじ農協女性部が示す農協女性部の可能性

最後ににじ農協の事例から農協女性部のこれからの可能性について考えたい。従来農協において女性部は生活活動の担い手とされてきた。現実には

表2・14　女性部が参加する農協のおもなイベント

行事名	参加主体	内容
自給市	加工グループ	正月に七草がゆを振舞う
しゃくなげ祭り	加工グループ	祭りの企画・立案
支店祭り	支店グループ	出店、イベント企画
納涼祭り	女性部	ステージイベントの披露
JAにじ農業まつり	女性部	バザー、女性部活動報告
食の文化祭	女性部	にじ1グランプリの開催（青年部と共同）
たけのこ祭り	支店グループ	土堀たけのこやアイデア料理の販売

注）農協総代資料、広報誌により作成。

女性は生活だけでなく営農の担い手でもあり、ここに女性と女性部活動のミスマッチが生じてきた。にじ農協女性部は営農の視点からも組織活動をしている。これは女性部の活動の幅を広げるだけでなく、農協における「女性＝生活　男性＝営農」という図式を壊し、女性の農協参画にも繋がる動きである。

また、にじ農協では女性部活動が直売所事業や福祉事業といった農協事業と関連をもって展開されてきた。女性部を通じて農協事業がよりわかりやすく親しみやすい形で地域住民に伝えられている。女性部の地域密着型の活動が農協の存在意義を地域住民に広め、農協ファンを作るきっかけとなっている。

組織の理念、体制、活動が一体となることでにじ農協女性部は活力を取り戻した。女性部の機能が最大限に発揮できるように農協も女性部を支えている。にじ農協女性部は組織づくりによって女性部が大きく生まれ変われることをわれわれに示している。女性部をあきらめるにはまだ早い。

注

（1）**表２・８～表２・13**で利用した『ＪＡ女性組織メンバー意向調査・活動実態調査報告書』は、女性組織メンバーを対象とした「ＪＡ女性組織メンバー意向調査」と、女性組織事務局を対象とした「ＪＡ女性組織活動実態調査」の二部からなる。利用したデータはすべて「活動実態調査」の項目であり、調査依頼数は６８１組織、回収数は６１４組織となっている。

（２）幅広い年齢層をメンバーとする農協女性部では年代別の三部制を導入している組織が多い。年齢区分はおおむね40歳までをフレッシュミズ、41～65歳をミドルミセス、66歳以上をエルダーミセスとしている。

【関連研究】

(1)高橋祥世「複数戸法人における農家女性の役割と意思決定への関与―北海道N町を事例として―」『農経論叢』70集、２０１５
(2)高橋祥世「農協の総合的事業展開における女性部再編の意義―福岡県にじ農協を事例として―」『協同組合研究』36巻1―2号、２０１６
(3)坂下明彦・小林国之・正木卓・高橋祥世『総合農協のレーゾンデートル―北海道の経験から―』筑波書房、２０１６
(4)高橋祥世「北海道の農業・農村を支える農協女性部の役割―農協女性部の地域特性を考慮して―」『協同組合研究』37巻2号、２０１７
(5)高橋祥世「農協女性部に「話し合い」の文化はあるのか―農協女性部のガバナンスを考える―」『にじ：協同組合経営研究誌』666号、２０１８

Ⅳ　青果物流通企業の新機能

渡辺康平

農業経営体数が減少する中で、法人化や組織化がめだち、企業による農業参入が増加している。これらの企業的農業に取り組む経営体は、生産規模の拡大や効率的な専業経営に取り組んでおり、これからの農業生産の担い手として期待されている。しかし、企業的経営体といっても、栽培や経営管理業務と同時に、販路開拓や需給調整などの販売能力を備えることは難しいであろう。そのため、企業的農業経営に適した支援を行うことも、これからの農協に求められると考えられる。

経営形態別の生産者の出荷先を整理したのが**表2・15**である。第一に、生産者の出荷先は農協や卸売市場が多い。第二に、産出額別の

表2・15　経営形態別の出荷先別経営体数（2015年）

単位：件、%

区分		1経営体当たり出荷先数	農協	卸売市場	集出荷団体	小売業者	業務用	消費者直販	その他
組織形態	個人計	1.3	66.6	6.2	8.6	4.7	1.4	8.8	3.7
	法人計	1.9	43.1	11.6	11.5	9.9	6.6	10.3	7.0
	家族経営体	1.3	66.5	6.3	8.7	4.7	1.4	8.8	3.7
	家族・個人	1.3	66.5	6.2	8.7	4.7	1.4	8.8	3.7
	家族・法人	1.7	47.9	13.1	12.6	7.6	4.4	7.5	7.0
	組織経営体	1.8	51.3	9.0	9.5	8.4	5.8	9.8	6.2
	組織・個人	1.3	80.8	1.6	3.9	2.0	1.8	6.1	3.7
	組織・法人	1.9	42.0	11.3	11.3	10.4	7.1	11.0	6.9

注）農林業センサスにより作成。

出荷先は、算出額が大きい経営ほど、農協・卸売市場以外の販路の利用が増えている。第三に、組織形態別の出荷先を見ると、個人より法人の方が農協・卸売市場以外の販路を利用する割合が多い。このように、企業的農業経営に取り組む生産者は、出荷先を選択する際に、農協や卸売市場以外の販路が必要という経営判断をしている。

この実態も踏まえると、農協がこれからも農家に支持されるためには、企業的農業経営体と取引を行う流通企業から学ぶことは多いのではないだろうか。以下では、そうした流通企業の事例から今後の農協の販売事業に必要な機能について考えてみる。

対象とする事例は行政で「地域商社」として注目されている２社の流通企業である。それらの企業のフードチェーンは従来のフードチェーンとどのように異なるのか、生産者や産地の集出荷団体はなぜこうした企業を利用するのかを明らかにする。

１　インショップで地場産を売る漂流岡山

漂流岡山の地場野菜流通のしくみ

有限会社漂流岡山は、岡山県内で青果物流通を担う企業である。漂流岡山は、インターネット通販事業、インショップ事業、Ｐｏｐやチラシなどを作成するデザイン受託事業に取り組んできた（表２・16）。ここではインショップ事業を取り上げ、インショップを始めた経緯、フードチェーン、取引の流れを紹介する。そして、生産者の漂流岡山に対する評価内容から、その機能を明らかにする。

漂流岡山のインショップ事業は、県内で生産された野菜を契約価格で買い取り、それを県内スーパーのインショップコーナーで販売することである。これは、地場流通に分類される流通形態である。直売所やインショップなどの地場流通は、農協や卸売市場などの広域流通とは異なり、価格や数量を生産者が決められるメリットがある。一方で、商品の選別・包装・仕分け・納品は生産者が担うケースが多く、委託取引の場合は在庫管理などの業務を担う事例も多く見られる。

漂流岡山がインショップ事業を始めた経緯は次のとおりである。岡山県の青果物流通においては、スーパーなどが岡山県産青果物を安定して仕入れることが難しいという事情があった。そのような状況の中、岡山県の農商工連携支援組織を通じた量販店の要望を受けて、漂流

表2・16　（有）漂流岡山の概要

設立	2001年5月1日		
事業概要	インターネット通販	インターネット通販サイト「岡山果物カタログ、岡山野菜カタログ」の運営。果物は設立時からの事業	年間売上：約6千万円
	インショップ	岡山県内スーパーを主な取引先として岡山県産の野菜・果物の卸販売を行う。一部、協議会メンバーとの取引もある。	年間売上：約13千万円
	デザイン受託	コンサルティング、デザイン関係の業務全般を行う。主にデザインを得意とするため、パッケージや販促手法・販促資材のデザインを主である。これらデザイン業務は外部から委託される業務も多くある。	年間売上：約100万円
従業員	正社員	8人	
	パート	9人	
取引先	生産者数	約30件	
	販売先数	約20店舗	

注）（有）漂流岡山ホームページ、2014年の聞き取り調査により作成。

岡山は2004年にインショップ事業を開始した。そして、「県産野菜を県内スーパーへ」をコンセプトとするビジネスモデルを構築した。その流通方式を図2・9に示した。

生産者の圃場からスーパーの店舗や物流センターまでの配送は漂流岡山が担っている。また、選別・整形・包装・仕分け作業も漂流岡山が担っている。そのため、生産者は、決められた段ボールやコンテナに商品を詰めて圃場などに置いておくだけで出荷が完了する。こうして、地場流通で多くみられる生産者の作業負担が多いというデメリットが軽減されているのである。

漂流岡山と生産者との取引の特徴は次の通りである。まず、商品の取引は必ず買取で行われている。そして、取引価格や取引の基準数量はシーズン前に交渉で適宜決めており、契約数量については全量を漂流岡山が仕入れている。契約価格は、量販店の店頭価格を参考に計算しているが、生産者の再生産価格などの事情も考慮されている。数量は店舗の売れ行きから計算し

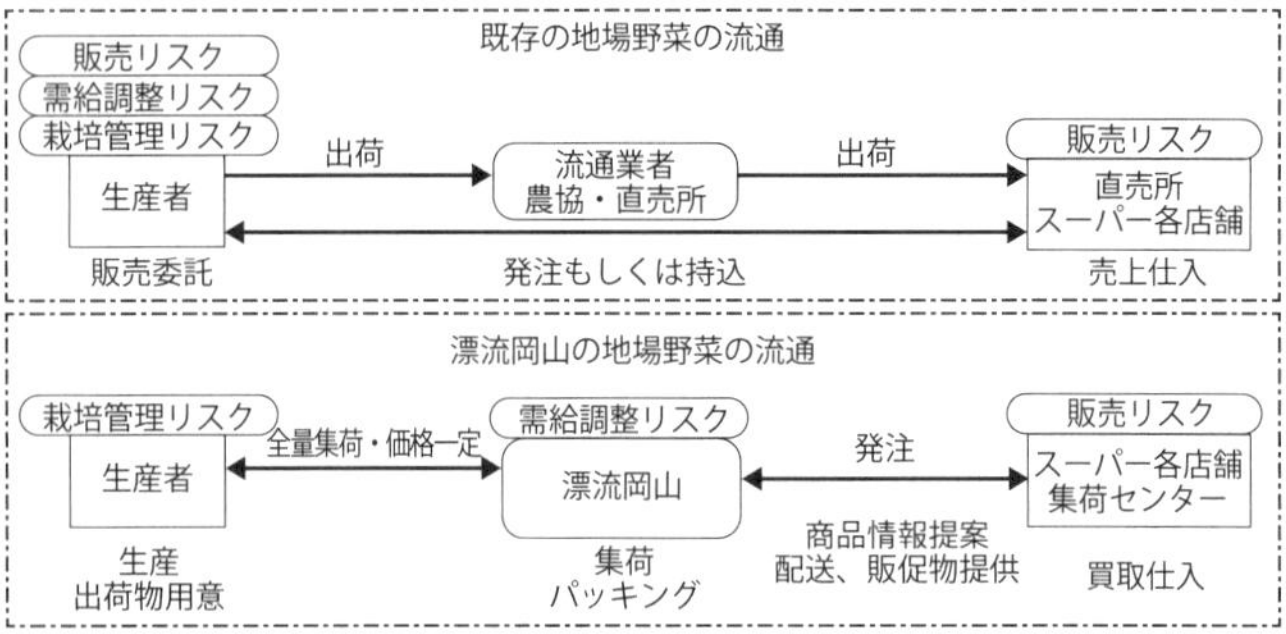

図2·9　既存の青果物地場流通と漂流岡山のフードチェーンとの比較

注）漂流岡山資料、聞き取り調査により作成。

ている。また近年では、過去の取引実績が蓄積されたこともあり、より精度の高い価格・数量の事前契約が可能になっている。漂流岡山との取引価格が相場より安い場合があるが、流通にかかる手間をコストとして捉えるような生産者は、出荷計画が立てやすく安定した販路であるという点を評価している。以上から、生産者は契約数量を確実に販売することができ、売り場の在庫管理も不要である。

また、漂流岡山は契約生産者に二つのサービスを提供している。一つは、臨時で雇用する営農指導員による技術指導である。利用できる頻度は生産者につき月1回であるが、無料で利用できる。二つ目は、スーパーのバイヤーなどから得た情報の提供である。これは、需要のある作付け品目の選定や生産計画の策定に役立っている。

従来の地場流通と比較すると、漂流岡山との取引では、生産者にとって①集荷・包装が不要という点で負担が軽減しており、②買取、③数量・価格は事前契約で決まるという点でメリットがある。

取引農家の実態

では、実際に生産者はこうした流通企業をどう評価しているのであろうか。A農家の事例を示そう。彼は専業農家であり、20年以上きゅうりをメインで作付けしている農家である。漂流岡山には、きゅうりと大根を出荷している（**表2・17**）。

農家Aが生産しているきゅうりのメインチャネルは農協である。出荷量はB品込みで生産量の約

98%を占めている。今後も農協をメインチャネルとする意向であるが、農協出荷には次のような課題があった。所属農協では、共選に出せるのはA品のみであり、収穫段階で明らかに規格外のB品は個選の扱いになる。そのため、出荷の繁忙期には、B品の出荷作業まで手が回らず、作業負担が大きく、廃棄せざるを得ないことがあった。

これに対して、選別と配送が不要な漂流岡山を利用することで、B品を廃棄することがなくなった。漂流岡山への出荷割合は約2%でB品のみであり、生産者からみると取り扱い規模は小さいが、生産者は次のように評価していた。

それを列挙すると、①業務の負担が少ないこと、②市場と比べて規格が厳しくないこと、③納得できる価格であること、④柔軟に交渉に応じてくれること、であった。

また、大根については、きゅうりの後作が必要だったこと、漂流岡山から要望があったことを契機として5年以上前から栽培してきた。所属農協に生産部会がなく、地域の既存の流通では取り扱いが少なかったが、漂流岡山が全量を買取するため、きゅうりの後作として位置づけることができるようになった。

表2・17　農家Aの概要

農地面積	1.25ha
作物	きゅうり 45a 内ハウス 15a 水稲 80a 大根 30a
営農開始	1990 年代
売上	2,000 万円
雇用	父　母 パート　6 人
技術指導	農協職員
販路	きゅうり 　農協　98% 　漂流岡山　2 % 大根 　漂流岡山
今後の意向	きゅうりの栽培時期を延ばす。 きゅうりを栽培する農家を支援する。

注）2015 年に実施した聞き取り調査により作成。

この農家のケースでは、繁忙期でのB級品の選果問題や農協の取り扱いが少ない作物など、特定の条件下で利用される販路であった。農協出荷では不十分な点を補助する保険的な販路という役割を漂流岡山が担っていたと考えられる。補助的とはいえ、非常時の避難対応のような保険的な販路を持っていることは重要である。漂流岡山は経営状況に適した安定した契約取引を求めている企業的な生産者に評価されている。

2　生産者と実需情報を共有するクロスエイジ

株式会社クロスエイジは、福岡県に拠点を構え、九州産の青果物を中心に扱う青果物流通企業である。クロスエイジは、農業経営や流通などに関するコンサルタント、青果物の卸売販売、アンテナショップの経営を事業として行っている（表2・18）。ここでは青果物の卸売販売事業、すなわち流通開発事業を取り上げ、青果物の卸販売を始めた経緯、フードチェーン、取引の流れを紹介する。そして、農協とも取引をしていること

表2・18　クロスエイジの概要

資本金	2,800万円	
設立	2005年	
事業内容	企画・コンサルティング事業	代表が主に担当 行政から委託された農業振興や農外企業の農業生産への参入支援を中心に行っている
	流通開発事業	営業部の内、営業課、営業事務が主に担当する それぞれ担当の販売先・生産者を持ち、その調整を行う。各種商談や展示会、営業、販路・産地開拓はこの部署が行う
	消費者直販事業	アンテナショップ、八百屋の運営 営業部の消費者直販課が担当 福岡市内に1店舗構えている。 クロスエイジが商品化した商材を中心に販売
従業員	正社員	12人
	パート	12人

注）クロスエイジWebサイト、同社業務資料、2014年実施の聞き取り調査により作成。

から、クロスエイジと農協との取引事例に着目して、民間の流通企業と農協との協力関係を明らかにする。

クロスエイジのフードチェーン

　クロスエイジは、九州産の青果物を中心としつつも、沖縄から北海道まで全国各地の生産者や集出荷団体と取引をしている。これは農協や卸売市場といったメインストリームと同じ広域流通に分類される。既存の広域流通は、全国のスーパーなどに通年で一定数量を安定供給することを可能としているため、非常に重要な仕組みである。しかし、企業的農業経営にとっては十分とは言えない。「農業の産業化」を掲げているクロスエイジは、企業的農業経営とどのようにしてパートナー関係を築いてきたのだろうか。

　クロスエイジ設立の経緯は次のとおりであった。クロスエイジは、学生時代から起業を考えていた社長に

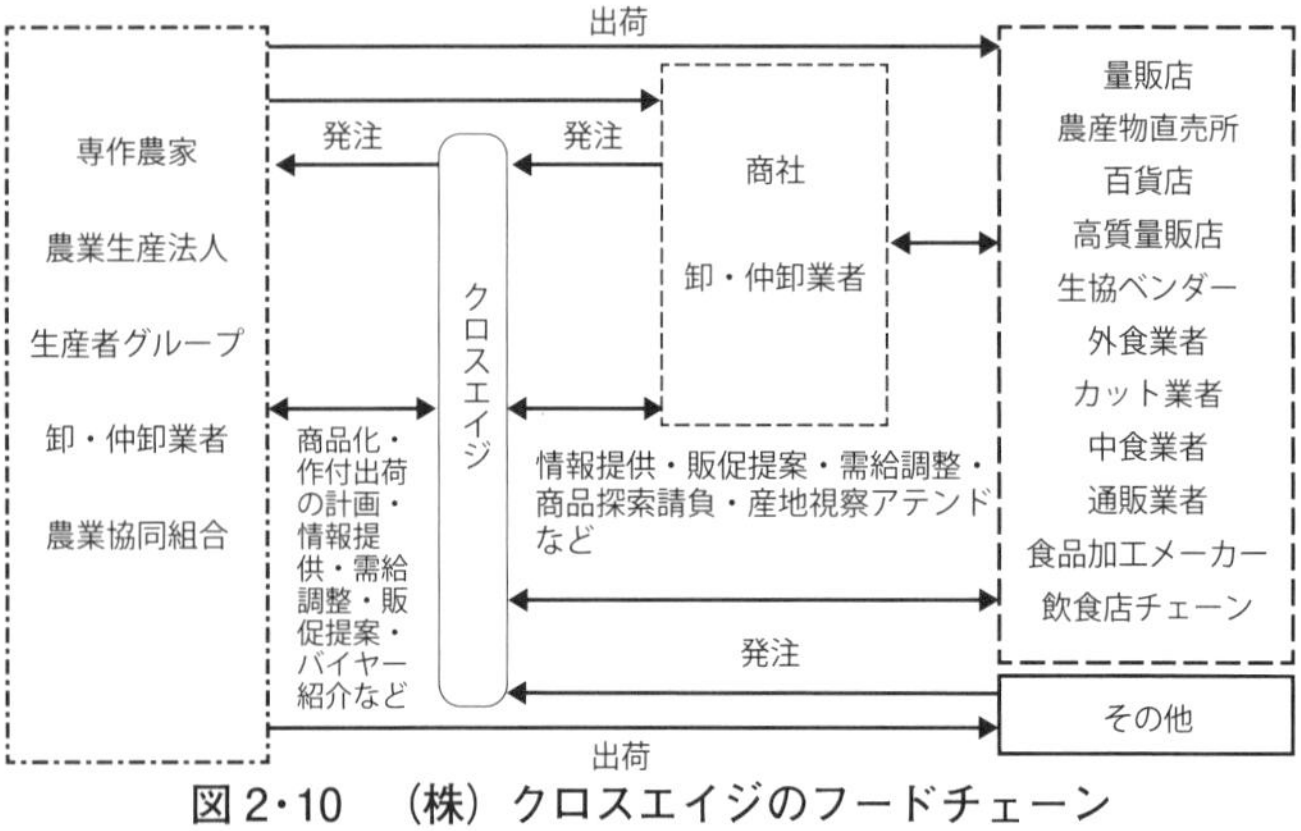

図2・10　（株）クロスエイジのフードチェーン

注）2014年、2017年実施の聞き取り調査及び業務資料により作成。

よって農産物のコンサルタント、流通ベンチャー企業として2005年に福岡県で設立された。コンサルタント企業として設立されたクロスエイジは、市場関係者や篤農家と交流する中で、流通経路の設計が求められていることを知り、創業の翌年から流通開発事業を開始している。実需者のニーズと生産者の経営目標や商品情報などをマッチングさせることで流通ルートを構築しているのが特徴である（図2・10）。

このようなクロスエイジのフードチェーンの特徴は取引先から見ることができる。第一に、クロスエイジの直接卸先で一番多い業態は、商社や仲卸業者といった流通業者であった（図2・11）。この理由は、流通業者を経由することによって、そこから先にある多種、多様、多数の販売先を販路とすることができるためであった。最終的な卸先は、量販店、飲食店が大半を占めているが、百貨店や通販といった販路もあり、日本全国に渡っている。

第二に仕入先は、九州を中心に全国の生産者と取引している。内訳をみると、農業生産法人や規模の大きい農家との取引が多いが、集出荷業者や仲卸業者、農協からも仕入れて

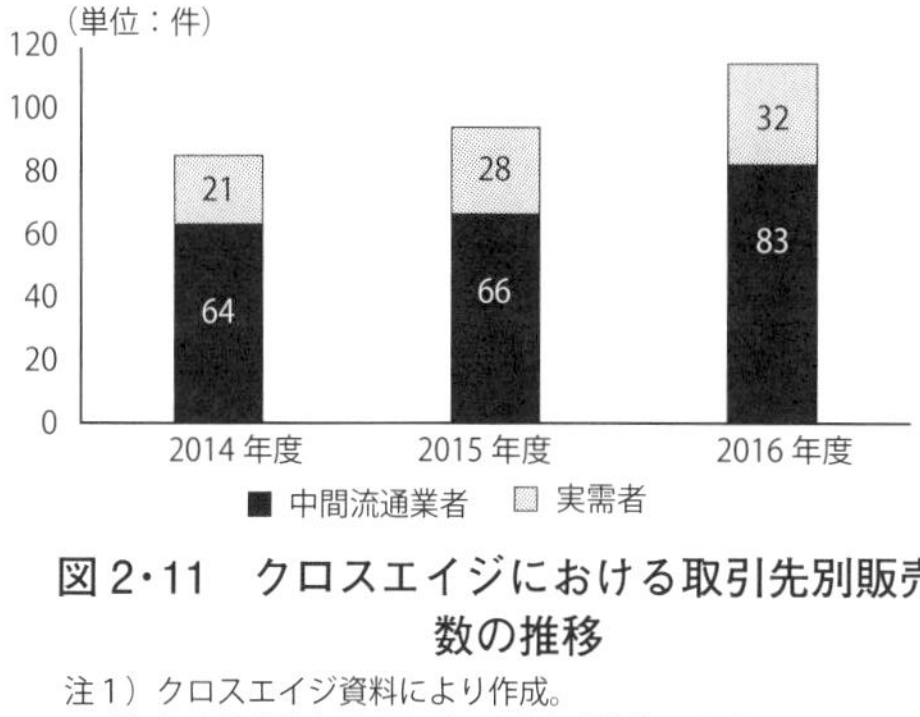

図2・11　クロスエイジにおける取引先別販売先数の推移

注1）クロスエイジ資料により作成。
2）年度は会計年度であり、9月から翌年8月まで。

いる（**表2・19**）。

このように、仕入先、販売先ともに複数の業態と取引をすることには2つの理由があった。一つは需給調整を行うためである。メインで契約取引している生産者が必要数量を出荷できない時期には、集出荷業者や仲卸業者からの仕入れも利用することで数量を調整している。また、生産者が多く出荷したい時には、スポット的な取引が可能な出荷先を利用することで、数量を調整しているのである。

理由の二つ目は、生産者の要望や商品に適した販売先をつなげることであった。多様な販売先と取引していることで、生産者の要望や商品の特徴などに適した流通ルートの構築が可能となっている。

このような取引先に対して、クロスエイジは次のように取引を行っている。基本的な取引は商物分離と事前の価格数量契約で行われている。価格と数量は、主に①マーケティング調査による消費者にとっての値ごろ価格、②相場、③生産者の希望価格、を総合的に検討して決められている。

加えてクロスエイジは、生産者に次のようなサービスを提供している。第一に、商品開発や安定した商品の出荷まではできる生産者に対しては、販路を開拓するためのノウハウ習得を支援している。第

表2・19　仕入先業種別の仕入金額

単位：千円

区分	仕入先数	仕入金額	構成比	平均金額
農業生産法人	33	208,800	57.4	6,327
市場外卸売業者	52	79,226	21.8	1,524
農家	32	55,353	15.2	1,730
農協	4	18,268	5.0	4,567
卸・仲卸業者	10	1,186	0.3	119
加工業	2	884	0.2	442
合計	133	363,717	100	2,735

注1）クロスエイジ資料により作成。
　2）仕入先は品目別に集計しているため重複がある。

二に、そこまで達していない生産者に対しては商品開発の段階からコンサルティングを行っている。

クロスエイジのビジネスを支えているのは、社長の下で働く若く情熱を持った社員達である。彼らは週の半分は農家に出向き、特にその作物のシーズン前や出荷前は頻繁に顔を合わせての協議を大事にしている。また、作付け計画・販売計画を共同で立てるようにもしている。

クロスエイジの農協との取引

クロスエイジの取引先の中には、地域の単協も含まれている。そこで、実際に農協とどのような関係を結んでいるか、事例から見ていく。対象は、クロスエイジにナスを出荷している熊本県のB農協である。

B農協は1市5町の合併により設立された農協であり、概況は次の通りである。販売事業の取扱額は150億円から200億円の規模であり、なかでもスイカが特産品であり、管内のスイカの作付面積は約400aである。また、管内の生産者はスイカを中心に、ナス、トマト、きゅうり、アールスメロンなどの園芸を主力としている。

B農協がクロスエイジと取引するに至った理由について、抱えている課題から見ていく。B地域では特産品としてスイカが栽培されており、スイカの作付けを維持する上で連作を回避するための作目が必要であった。しかし、スイカ以外の青果物は農協外に出荷する割合が高まっており、農協の経済事業が不振の中では、大きな問題であった。そこで、農協は個人で販路を見つけて出荷する生産者に農協へ出荷してもらうために、従来の市場出荷ではなく契約取引を行う必要があった。B農協は特販課を設置したが、契約取引のノウハウや販路は十分確保されていなかった。その時に管内の生産者の紹介でクロスエイジと取引するようになった。これがおよそ13年前である。

クロスエイジに出荷している主な作物は長茄子であり、この長茄子も地域の特産品である。長茄子の取引が始まったのは4年前である。

B農協や出荷している生産者が、クロスエイジとの取引で評価していることは3つある。一つは取引価格であり、月ごとに交渉して決めている。この取引価格は生産者の再生産価格を維持しており、手取り額が計算しやすい点が生産者から評価されていた。特に2017年は相場が下落したため、クロスエイジの値決めは助かったようである。

二つ目は、販路開拓である。B農協は、市場外に出荷するのが不慣れなため、長茄子のように全国的には珍しい品目の販路を拡大するのを苦手としていた。それに対して、クロスエイジは産地から長茄子の特徴である味の良さと手頃な大きさを把握し、試食を行ったり、業務用用途などの販路を開拓し、現在では関東や関西でも取り扱われている。このように、産地情報を伝えるとそれに対応して販路開拓を行ってくれるクロスエイジの姿勢をB農協の担当者は評価していた。

クロスエイジに出荷している生産者の中で積極的に出荷している生産者は5~6名であるが、取引実績のある生産者は全体で15～20名と流動的であった。この理由は、出荷数量を安定させるために、生産量が少ない時期には他の生産者からも集荷しているためであった。年齢層は40歳代から60歳代と幅広いようである。

こうした信頼関係にもとづいて、クロスエイジが持っている実需の情報をもとに、出荷計画段階から生産者や集出荷団体とはパートナーとして取り組んでいる。多様な販路を持つまでに成長した生産者がクロスエイジとの取引を継続しているのは、クロスエイジが他の流通業者と異なり、実需者の情報を生産者と共有する点、生産者の要望に対応している点を評価しているためである。

3　青果物流通企業の成立条件

取り上げた2つの流通企業が成立している条件、可能性や課題について最後に整理してみる。成立条件の1つは、取引している生産者が企業的な農業生産を志向していることである。流通企業が取引において実需者と継続的な取引関係を結ぶ上では、一定の物量が必要になる。それが、流通の効率化や実需への安定供給へとつながっている。生産者が特定の作物に特化し生産規模を増やし、出荷させることが取引の実績になり、実需者と信用関係が生まれる。実需者からの引き合いが強くなれば、その生産者が選べる販路の選択肢は拡大する。また、取引する上でのノウハウが生産者に蓄積される。そして、生産者が売り先を選べるということは生産者が取引に一定程度の影響力を持つことでもある。

第二には、流通企業が産地の情報と実需の情報の両方に近く、その中でも実需者の情報を有効に活用していることであった。漂流岡山は実需者が求めている売り場を作り、クロスエイジは求めている商品を提供することで継続的な取引が可能になっている。これによって、量販店側に優越的な取引も緩和されていた。

こうした新たな機能を備えている農協の事例も報告されているが数は少なく、Ｂ農協の事例のようにこれまでの農協には不足していたものであり、今後農協にも求められる機能を先取りしたものと考えられる。一方で、企業的ではない多くの農家への対応や、栽培などの生産に係る情報に関しては、農協の方が秀でているケースが多いであろう。

農協は現在自己改革を進めている。取り上げた事例は、農協の事業と競合する面もあるが、他面では農協との間で機能の補完関係にあった。農協は本来、産地情報を豊富に持っている主体である。事例のように、産地の情報と販売の情報をつなぎ、新たな流通を開発していく機能など、農協が苦手とする機能については、民間企業を参考に学んでいくこと、同時に、それを得意とする民間企業と協力し合うことがこれからの農協にも求められているのではないだろうか。

農業の成長産業化には、これからの担い手として期待されているこれら経営体と「提携的」な関係を構築しながらチャネル管理の支援などを行うことができる流通業者が必要であり、そのような農協が増えることを期待している。

【関連研究】

(1)渡辺康平・小林国之ほか「地場企業によるインショップ事業の収益性と利用生産者の販路分析―岡山県有限会社漂流岡山を事例に―」『農業経済研究』88巻4号、2017

第３部　新たな労働力移動の波

Ｉ　都市から農村への新しい移住形態

鄭《チョン》 龍《ヨン》 曔《ギョン》

私の故郷である韓国では１９９０年代末の金融危機の下で、農村への移住の波が始まった。昔風にいうと過剰人口のプールとなったわけである。しかし、しだいに農村生活そのものを目的とする移住が目立つようになる。２０１１年からは韓国のベビーブーマーの定年退職が始まり、初年度で１万人の移動が起こり、２０１６年では31万人にのぼっている。日本の新規参入者は２０１６年で３、４４０人であるから、相当の差がある。韓国では営農のための移住を帰農、農村での生活目的の移住を帰村と呼ぶが、後者が30万人で圧倒的である。両者の境はあいまいでどちらにウェイトがあるかで区分しているようだが、彼ら彼女らは「帰農と帰村の間」にあり、産業論的な意味の新規参入とは異なっている。

日本の府県の山村移住はおくとして、市街地と純農村部が分離され専業農家中心の北海道の農村でもこのような生活派の移住は見られるのか。そんな素朴な疑問から私の研究は始まった。

1　帰農と帰村の間――余市への移住

余市町にひとびとが集まるわけ

私が注目したのは、日本海沿岸の余市町である。海・山・川があり、北海道最大の果樹栽培地である。ここに多くの新規参入者が「集積」している。景観に憧れてきた人やぶどう、りんご、ベリーなどの果樹栽培を理想として参入してきた人々が見られる。また、都市との接近性も有利であった。小樽から車で30分、札幌からでも1時間半であり、販売先の確保の点でも良い条件を持っている。

次は、ワインブームである。近年は国産ワインへの関心が高まっており、その中で余市も注目されている。余市町は、１９８０年代にりんご価格が大暴落した時にワイン用ぶどうが導入されており、気候にもマッチしたため質の高い産地として引っ張りだこである。２０１１年にはワイン特区に認定されており、自前のワイナリーができるなど、ワインづくり目当ての移住者も多く見られる。

緩やかな規制のもとでの自由な移住者群の形成

余市町に移住者が集まるのは、新規参入者の受け入れが参入者の希望に沿った自由度の高い形態をとっているためである。参入までには、相談、書類提出、面接の順序をたどるが、農業への意欲のある人であればほとんどが参入できる仕組みとなっている。**表３・１**は１９８９年から5年刻みで参入者と営農継続者、離農者（２０１７年時点）の数を示している。およそ30年間の合計で１３３戸という多数の参入があるが、離農者は31戸あり、営農継続率は77％で必ずしも高くはない。１９９０年代の移住の受け入れが、農家・農協の経営不振からの離農跡地処分対応であったために離農が多発したことが影響している。それにしても受け入れの開始が早い。２０００年代になると離農者はほとんど出ておらず、安定的になっている。

経営形態では一貫して果樹が多く81戸、続いて野菜が22戸、両者の複合が11戸である。現在の継続農家１０２戸の区分では、果樹が62戸、野菜が17戸、両者の複合が7戸、花きが5戸などとなっている。

移住者の性格と目標

表３・２は余市町内でも移住者が集まっている登（のぼり）地区の11戸の新規参入者の聞き取り結果をまとめたものである。もともとはりんご栽培の地区であったが、高齢化によりリタイアした農家の跡地を新規参入者が購入して新たに農業を始めている。ワインぶどうの適地であるということで、10ａ当たりの樹園地価格は40万円であり、水田と比べても高い。

表３・１　余市町における新規参入者数の動向（５年きざみ）

単位：人

		1989～	1994～	1999～	2004～	2009～	2014～	合計
果樹	参入	13	16	9	9	18	16	81
	継続	4	11	7	8	17	15	62
	離農	9	5	2	1	1	1	19
全体	参入	21	18	24	17	25	28	133
	継続	10	12	17	14	22	27	102
	離農	11	6	7	3	3	1	31
	継続率	47.6	66.7	70.8	82.4	88.0	96.4	76.7

注）農業委員会資料および聞き取りにより作成。

１９９０年代の早期参入者が３戸あり、大学（うち１名は大学院修士修了）を出て、会社員を経て30歳前後で入植している。研修は行っていない。１戸は平飼いの養鶏で、２戸は果樹であるが、No.２を例に取るとブドウ、りんご、梨、プラム、プルーン、ベリー類のほかに野菜50種類以上を作付けしており、小規模多品目的な生産を行っている。販売についても独力で販路を開拓している。すでに40歳代末から50歳代半ばであり、円熟の域に達している。

残りの８戸は２０１０年前後からの参入である。No.４からNo.８までは30歳代後半、大卒でかなり長く会社員を務めた後の入植である。No.７は自営業を経て、51歳での参入である。研修はなしが２戸、ありが３戸であり、制度に乗って入植した割合が高いと思われる。この特徴は全員がワインぶどうを栽培していることであり、果樹や野菜との多角経営が３戸ある。

No.９から11は、20歳代が多く、大学院修士修了が２名い

表３・２　登地区における新規参入農家（2014年現在）

単位：歳、人、ha

農家番号	参入年度	参入時年齢	出身	学歴	前職	研修	現在年齢	家族労働力	経営面積	作目	販売先
1	1990	33	道内	大学	会社員	なし	56	2	2.0	果樹	道の駅、イベント
2	1992	30	道外	修士	会社員	なし	55	1	2.8	果樹、野菜	直売
3	1995	25	道内	大学	会社員	なし	47	1	1.7	養鶏	直売（宅配）
4	2009	38	道外	大学	会社員	２年	44	2	4.0	ワイン、果樹	メーカー
5	2009	38	道内	不明	会社員	なし	43	2	3.0	ワイン	スーパー
6	2010	36	道外	大学	会社員	１年	41	1	2.3	ワイン	全国の酒屋
7	2010	51	道内	大学	自営業	なし	54	1	6.0	ワイン、果樹	メーカー、ネット
8	2011	37	道外	大学	会社員	あり	39	2	3.5	ワイン、野菜	メーカー、直売
9	2012	25	道外	修士	会社員	なし	30	2	4.5	ベリー類	―
10	2012	26	道内	修士	会社員	なし	27	1	2.0	ワイン、果樹、野菜	会員制配達、直売
11	2014	32	道内	専門	会社員	２年	32	2	4.0	ワイン、果樹	直売、ネット予定

注１）聞き取り調査により作成。
　２）ワインはワイン用ブドウの略。

る。1戸はベリー類、2戸はワインぶどうと果樹や野菜の多角経営であり、前の世代とやや発想の違いを感じさせる。

ワイン造りの夢をすでに実現している人もおり、計画中の人もいる。経済的には必ずしも安定せず、冬場にJRの除雪で稼いだり、妻が別の仕事をしたりしているケースもある。生活を重視していて、農民管弦楽団のメンバーも2人いる。そんな人達である。

新規参入者の価値観

彼ら彼女らの価値観をきいたのが**表3・3**である。経済面では、高収入を得ようというのは意外に少なく、他人に指図されずに自分で判断して経営すること、そして高品質なものを作ることに高いポイントが付けられている。ワイン造りを目指す人が多いのを反映してか、職人気質が強いようである。これに対し、環境的要素を含む資源節約や循環型農業については重視度が低い。ただし、これについ

表3・3　新規参入者の重視する価値観

農家番号	経済面					生活面				
	高収入	自己経営	高品質	資源節約	循環型農業	田舎暮らし	自由な生活	時間的余裕	地域交流	農家間交流
1	3	5	5	2	4	3	4	3	3	3
4	3	5	5	2	2	2	4	4	2	3
4a	3	4	5	3	3	3	5	4	5	5
5	4	4	5	3	3	3	3	3	3	3
5a	2	5	4	2	1	2	2	1	2	2
6	3	4	5	3	3	3	4	4	5	5
7	4	4	5	3	5	2	1	2	3	4
8	4	4	5	5	5	5	4	4	5	5
8a	3	4	4	5	5	5	4	4	-	5
10	4	4	4	5	5	5	3	2	5	5
11	1	4	5	5	3	3	4	4	5	5
平均	3.1	4.3	4.7	3.5	3.5	3.3	3.5	3.2	3.8	4.1
標準偏差	0.9	0.4	0.4	1.2	1.3	1.1	1.1	1.0	1.2	1.1

注1）聞き取り調査により作成。
　2）各項目について5段階で評価。数字が大きいほど重視していることを示す。

ては個人差が大きく、5ポイントを付けている人も少なくない。果樹経営の特徴も現れているようである。

つぎに生活については、「自由な生活」が3・5ポイントで最も高いが、「田舎暮らし」や「時間的余裕」とそう大きな差はない。この項目では個人の差が大きいことが注目される。特に、自由な生活、時間が重要だと思うかどうかは個人差が大きい。近隣との交流では、つぎにも見るが、農家間の交流は非常に重視されているが、地域交流の方は必ずしも熱心ではない。ただし、ここでも偏差は大きい。

のぼりんぐ――新しい仲間づくり

戦後開拓の時代には、既存と開拓という言葉があったように、両者の間には一つの溝が存在した。それでは新規参入者と地域の農家との関係はどうなのだろう。聞き取りによると、区会（行政末端の住民組織）には参加しているが、他の地域組織には参加していない。農協についても農事組合には出ているが、販売対応が個人なので生産部会などへの加入はない。もちろん、研修先や隣近所とは情報交換やおすそ分け、労働交換は頻繁に行っている。歳のせいもあるが地域の組織維持のための積極的な担い手とはまだなっていないようである。

新規参入者同士のつながりは多く、「のぼりんぐ」という登地区での組織が2013年にでき、30歳代なかばの7人の女性が参加し、旦那さんはサポート役である。ブルーベリーやさくらんぼのジャムや自家製の味噌をつくったり、ランチで話に花を咲かせたりしている。札幌地下街で手作りケーキの販売をやったこともある。

また、ワインイベント LA FETE DES VIGNERONS A YOICHI（余市ワインぶどう栽培農家のフェスティバル）が２０１５年から開催されており、農園見学やワイン試飲などのツアーを行っている。地元農家（３戸）と新規参入者（９戸）が参加しており、地区の有力なドメーヌが参加するなど、地域全体の組織となっている。全国から３００人以上の参加者を集めており、余市町を全国に知らせる役割を果たしている。このようなところから、新規参入者と既存農家をつなぐ取り組みも進みつつある。

北海道の農業・農村でも、都市部からの新しい発想を持った新規参入者、移住者は重要な役割を果たすようになるだろう。営農中心の社会から営農と生活をともに重視した豊かな農村社会を実現する一つの契機となると考えられるからである。

2　トマト団地での新規就農──平取町振内での受け皿組織

これまで田園回帰と言われるような現象が北海道にも起こっていることを紹介した。とはいえ、北海道は農業専業地帯としての性格も濃厚である。したがって、産業政策として、言い換えれば担い手確保策としての新規参入も多く、紹介事例も多い。今回はそのなかでも、新規参入者が団地を形成して移住し、「既存農家」との共存を図っているケースを紹介したい。

平取での新規参入者の実績と特徴

平取町は日高の沙流川流域の温暖な気候の下で早くからトマト産地としての地位を確立してきた。2017年度のびらとり農協の総販売額87億円のうち、50％に当たる43億円がトマトの販売額である。「ニシパの恋人」などの加工事業を含め、押しも押されもせぬ北海道ナンバーワンの産地である。しかし、平取町においても高齢化の波は徐々に押し寄せてきていた。この対応として1999年には新規参入者受け入れのための農業研修生制度を開始している。2000年からの就農者は2017年で24戸であり、トマト農家163戸の14％を占めるまでになっている。生産者の減少に歯止めがかかっているのである（**表3・4**）。

表3・4　新規参入者の受入と就農

単位：戸、歳、人

年度	研修者数	就農者数	年齢		転入地域			就農人数
			1	2	紫雲古津	振内	その他	
1998	2							
1999								
2000	2	1	25		1			3
2001	2							
2002	2	2	39	50	1		1	8
2003	1	1	−					2
2004	1							
2005	2	1	43			1		3
2006	1	1	43			1		3
2007	1	2	43	47	1	1		7
2008	1	2	41	39		2		6
2009	1	1	39			1		4
2010	2	1	41		1			2
2011	2	2	37	42	1	1		6
2012	2	1	40			1		4
2013	2	2	39	34	1	1		7
2014	1	2	42	38	1	1		7
2015	2	1	32			1		3
2016	3	2	39	38	1	1		5
2017	2	2	36	42		1	1	
合計	32	24	平均40歳		8	13	2	70

注）平取町農業支援センター資料により作成。

このように1品目に特化した新規参入者の受け入れは極めて珍しいと言える。また、新規参入へのトレーニングは2年間で、1年目が農家研修、2年目が実践農場研修となっている。この研修農場は平取本町の紫雲古津（しうんこつ、設置2000年）と振内地区（ふれない、同2001年）の2か所にあるため、23名の新規参入者のうち振内に13戸、紫雲古津に8戸とまとまって移住しているところにも特徴がある。つまり、同じ品目で団地的に新規参入者が移住しているわけである。

トマト栽培の新たな担い手づくり

平取町の新規参入支援はびらとり農協と普及センターの連携の下で農業支援センターが実施している。参入の流れとしては、就農相談、平取町訪問、申込書提出、選考・結果通知、研修、就農という段階を踏むことになっている。まず就農相談では、新農業人フェアなどの就農相談会や関係機関での相談が行われる。その後、平取町を訪問し、農業体験会に参加してもらう。ここでは農作業体験や新規参入者との交流会に参加することになる。そこで参入を希望する者は10月末まで申込書を提出し、11月に選考が行われる。参入条件は、①経営主の年齢が20歳以上45歳以下の心身共に健康で自立経営を営む能力を有する者、②平取町内に就農し自立経営を営むこと、③農業経営に対する家族の積極的な協力が得られ、夫婦で研修できること、④十分な自己資金があること（500万円以上）、⑤就農するまで研修カリキュラムに従い、2年間程度の研修を受けること、⑥就農後は農協の組合員となることがあげられている。

このような流れで毎年2戸の新規参入者を募集し、先に述べたように1年目は農家研修、2年目は実践農場研修となる。2年間の研修中には農業研修生住宅に居住する。紫雲古津地区と振内地区の2か所にあり、各2棟4戸ずつ整備されている。研修中に研修生は農地を確保し就農計画を立て、いよいよ就農することになる。

就農促進事業による支援があり、施設整備への補助制度では参入時の施設・機械・農地取得の経費及びリース料に対し、500万円を限度に2分の1が補助される。特別研修助成は、農業大学校などで開催される経営研修、機械研修などの受講費用を補助する制度である。資金の支援以外にも、研修生住宅の提供や研修2年目からの研修手当の支給など様々な支援対策が行われている。

地域が動いた――ふれないネオフロンティア

研修農場周辺での移住が多いことから、振内地区ではネオフロンティア、本町地区ではアンビシャスという新規参入者支援組織が形成されている点がこの町のユニークなところである。そのうち、振内地区のケースを紹介しよう。

振内地区では、新規参入者の誘致が開始された時期に、ちょうど営林署の苗畑が処分されることになった。個別に払い下げを受けるのではなく、移住者の団地として利用しようという一農家の提言により地域が動き、提唱農家の名義で農協から１、４００万円の融資を受け、11haの団地に２００３年から２０１１年にかけて７戸の入植を見た。この結果、団地の残りの区画が１戸分となり、今後の新規入植者の受け入れをどうするかの協議がなされ、２０１０年にネオフロンティアという支援組織が設立されることになった。

設立当時のネオフロンティアの役割を示すと、①就農候補地探しと確実な斡旋、②ハウス資材や機械類の調達案検討、③ふれない実践農場の管理、④研修生の技術習得に対する支援、⑤研修生の地域社会への参入に対する支援、⑥その他、生活面のフォロー、⑦継続した就農者受入のための広報活動となっている。この活動もあって、現在振内地区には13戸の新規の農家が移住している。

移住者の性格と期待

このうち11戸から経歴と現状について聞き取りを行った（表

表３・５　振内地区新規参入者の性格

単位：歳、年、坪

農家番号	就農年度	就農時年齢	出身	学歴	前職	研修期間		現在年齢		ハウス面積
						農家	実践農場	経営主	妻	
1	2002	50	道外	大学院	会社員	1	1	64	61	1,320
2	2005	44	道内	大学	講師	1	2	55	48	1,636
3	2005	42	道内	高専	会社員	1	2	53	52	1,500
4	2006	46	道外	不明	会社員	1	2	56	55	1,650
5	2004	38	道内	大学	会社員	1	1	50	46	1,650
6	2009	38	道外	大学	会社員	1	1	44	41	1,350
7	2012	44	道外	大学	会社員	1	1	47	44	1,200
8	2013	41	道外	大学	会社員	0.5	1	43	43	1,200
9	2014	36	道外	大学	会社員	1	1	37	34	1,190
10	2015	38	道外	専門学校	会社員	1	2	40	37	1,200
11	(2018)	(42)	道内	不明	会社員	1	1	42	42	800

注）聞き取り調査（2016年１月、2017年６月実施）により作成。

3・5)。一定の自己資金を準備する必要もあって就農時の年齢は40歳近くから50歳と高くなっており、最初の入植からは15年を経過しているため、最年長者は64歳、50歳以上層も半数となっている。残りの殆どは40歳代である。参入前の職業は会社従業員が多く、学歴も大卒が一般的である。当初は千歳や釧路など北海道内出身者が多かったが、近年では東京、埼玉、栃木などの関東の他に愛媛や奈良など関西方面の出身者もいる。

農業経営内容については、基本的にハウス栽培のトマトをびらとり農協に出荷する形態であり、ハウス面積は最高で１６５０坪、最低で１２００坪である。様々な技術習得の機会を得て、今や「新規」などという言葉が似つかわしくない農家が多数存在する。初期には実践農場で2年の研修を重ねた農家も多く、技術習得には念が入っていたようである。

余市町での移住者と同様に、入植者の価値観について質問をぶつけてみた。その結果が**表3・6**である（最も重要なものが5の5段階評価)。余市とも比較しながら、彼ら彼女らが重視する価値に

表3・6　新規参入者の重視する価値観

項目		経済面					生活面				
		高収入	自己経営	高品質	資源節約	循環型農業	田舎暮らし	自由な生活	時間的余裕	地域交流	農家間交流
性別	男性	3.3	4.5	4.6	2.9	3.1	2.9	3.5	3.4	3.6	4.1
	女性	3.5	3.5	4.2	3.5	2.7	3.5	3.5	3.7	4.0	4.0
年齢	50歳以上	3.6	4.1	4.7	3.0	3.1	2.6	3.1	3.1	3.9	4.0
	50歳未満	3.2	4.1	4.2	3.2	2.8	3.6	3.8	3.8	3.7	4.1
合計	平均値	3.4	4.1	4.4	3.1	2.9	3.1	3.5	3.5	3.8	4.1
	標準偏差	0.9	0.7	0.6	0.6	1.2	1.2	1.1	0.9	1.0	1.0

注1）聞き取り調査により作成。
　2）各項目について5段階で評価しており、項目別数値は平均値である。数字が大きいほど重視していることを示す。
　3）標準偏差は全体の数値である。

ついて見てみよう。まず、経済面である。予想ではトマト生産への参入であるから「高収入」が高い値を示すと思われたが、余市の３・１よりは高い３・４ポイントであったが、それほどでもない。50歳以上でやや高くなっている。むしろ、余市と同様に高品質のポイントが高く、なかでも50歳以上が４・７（男性は４・６）となっている。トマトの銘柄産地への参入者の意気込みであろう。これに対し、資源節約（３・１）や循環型農業（２・９）は余市よりかなり低いポイントである。

生活面については、自由な生活（３・５）、時間的余裕（３・５）が比較的高く、後者では50歳未満層と女性で高い。このへんは余市と大きな違いがない。農家間の交流は４・１ポイントで余市と変わらないが、地域交流では50歳以上層（３・９）、女性（４・０）でポイントが高く、偏差も少ないという特徴を指摘できる。

集落運営にも参入する新規移住者

２０１８年のネオフロンティアの会員農家は19戸であり、そのうち既存農家が５戸、移住農家が14戸であり、後者は全戸が加入している。２０１５年から会費は月千円であり、平取担い手協議会からの出張費なども経費に当てている。

会長は苗畑の新規参入団地を提唱した農家であり、副会長は既存農家と移住農家（２００５年移住、55歳）の２名となっている。既存農家の３人が顧問となっている。事務局は移住者３名であり、事務局長（２００４年移住、50歳）のほか、事務局員２名（２００６年移住、44歳と２０１２年移住、47歳）となっている。会計（女性、２００６年移住、55歳）、監査（男性：２００２年移住、65歳と女性２００６年移住、55歳）はともに移住農家である。以上のように、ネオフロンティアは、既存農家の考え方から始まり設立された組織ではあるが、現在では移住農家中心の組織であり、役員としても活躍している。

現在のネオフロンティアの活動内容は、設立初期と大きくは変わっていない。新規の移住者をどこの土地に入れるか、農家研修はどこで行い、その後は誰が技術指導を行うか、生活面のフォローは誰が担うかなどが細かく決められてきた。新農業人フェアへの参加も行っており、以前は役場の仕事だったことが現在はネオフロンティアの会員も参加している。特に新規参入者の妻が相談役として参加し、不安を持つ新規参入希望者の妻に様々なアドバイスを行っている。こうした例はなく、実際新規参入希望者にとって頼もしい存在である。

これまで新規参入者は点的な移住が多かったが、地域が一致団結して新規参入者を受け入れ、彼ら彼女らが団地を形成することで、地域の運営にも携わることが容易になっている。さらに、先輩として新たな移住者のサポート役にも成長している。こうした移住者団地型の受入方式は一考の価値があると思われるのである。

【関連研究】

（1）鄭龍暻・小林国之「北海道における新規参入者の実態と地域との関わり—余市町と平取町を事例に—」『フロンティア農業経済研究』20巻2号、２０１８

II　労働者として農村へ

福澤萌

日本の農家は、農家人口の減少・高齢化による労働力の不足・弱体化に対して、規模拡大と季節雇用労働力への依存によって対応してきた。また一方で、労働力の流動化が高まる中、自分のキャリアのやり直しと考え、UターンやIターンとして農業・農村の世界に飛び込む若者が増えている。

専業農家が7割を占める北海道農業では、家族労働力の補完として季節雇用労働力を多く必要とするため、農が求めるかたちの農業雇用労働者とそれになりたい若者との間でミスマッチが生じている。そこで、「いかに人を集めるのか」という農業サイドの問題ではなく、「何を求めて集まっているのか」という農業被雇用労働者、働き手に着目した問いへの答えを探り、これから農村で働く意味について考えてみたい。

1　全国から富良野での就業を求める若者

富良野での農作業ヘルパー事業の立ち上げ

野菜主産地として展開してきた富良野市では、農家個々が相対で雇用契約を行う以外に、多様な「主体」が協力して家族農業労働への労働力供給体制を形成してきた。それは産地集荷商による旧産炭地域や富良野市内の女性労働者「女工」の労働力斡旋、定年退職者等の能力を積極的活用する「シルバー人材センター」との連携、そして全国から農業で働きたい人をふらの農協が担当となり集客・調整する「農作業ヘルパー事業」などである。

農作業ヘルパー事業は、旧富良野農協が１９９６年に作業受託組織として立ち上げた。２００１年の農協合併によりふらの農協が設立され、２００２年には利用エリアが拡大された。富良野市の知名度を活用し、４月上旬から10月中旬の約７か月間、首都圏をはじめ全国から、農業に興味のある人材を募集している。毎年１２０名もの人数を募集しており、富良野地域の労働力を必要とする多品目野菜の生産農家にとって重要な位置づけとなっている。時給９００円の８時間労働（社会保険完備、２年目以降の熟練手当あり）で、４週４休程度働く。作業内容は農協で取り扱う青果物の収穫・管理作業全般の単純作業である。就業者の大半は農業経験年数が短く作業熟練度に差があるため、農作業ヘルパー事業は単純作業を行う農業雇用労働力供給主体として位置付けられている。

集まる若者の性格

ではこのような背景を持つ農作業ヘルパー事業に集まり、就業する若者はどのような人たちなのか。２０１３年に行った対面アンケート調査（有効回答数１０４名）の結果を紹介する。

農作業ヘルパーのおよそ90％は単身者で、男性が33名、女性が71名と、女性が70％を占める職場である（**図３・１**）。男女とも20歳代の割合が多く、その後年代が高まるにつれ減少する。出身地域は北海道が27名で道外が多数派であり、当初多かった首都圏からは20名になり、中部20名、東北15名、近畿10名など幅広い地域構成となっている。

農作業ヘルパー事業は毎年更新が基本であり、過去の就業回数は無し（初回）が52名、１回が26名、２〜４回が14名、５回以上が10名である。初めての就業が中心であるが、５回以上続けている就業者も多く、男女別で比較する

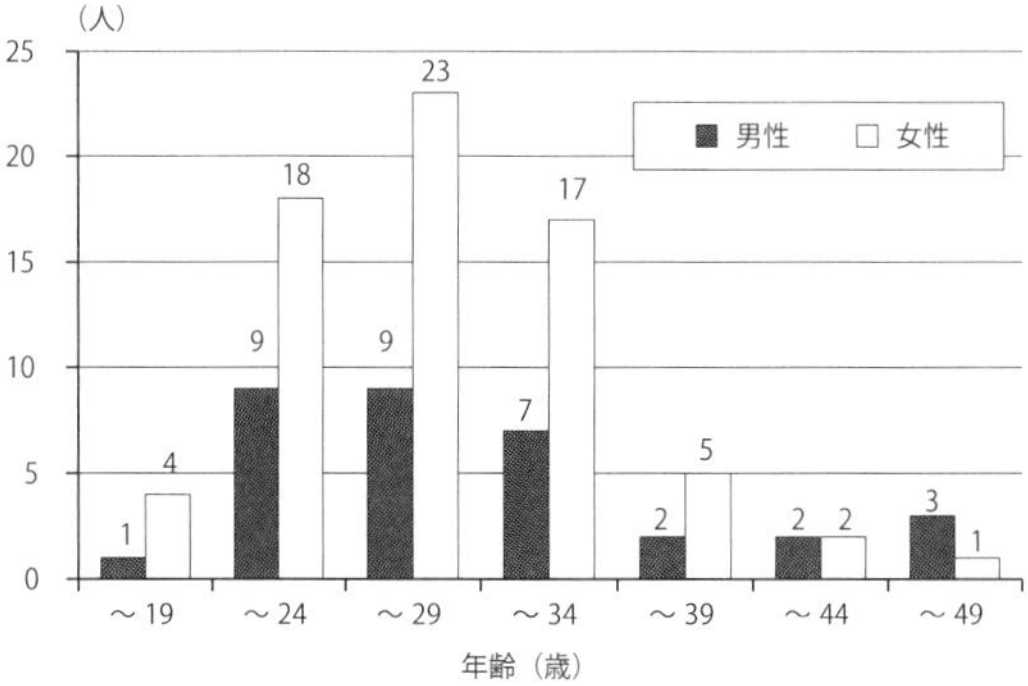

図3・1　農作業ヘルパーの男女別年齢構成

注１）質問紙調査により作成（2013年）。
　２）不明者1名を除く103名（男性33名，女性71名）。

と男性では長期継続の就業者が一定数いる。

彼ら彼女らの就業動機は、大きく2つに分けられる。1つ目は、従来のリゾートバイトとしての短期就業であり、それは**図3・2**の左側の賃金重視タイプ②と偶発的参加タイプ④である。これに対し、図の右側にある農業志向タイプ①や地域・農業重視タイプ③は、農業を職業とするための一つのステップや農業体験の入り口と位置づけているものであり、富良野地域へ移住を考えて就業する者もいる。以下では、後者の代表者を紹介したい。

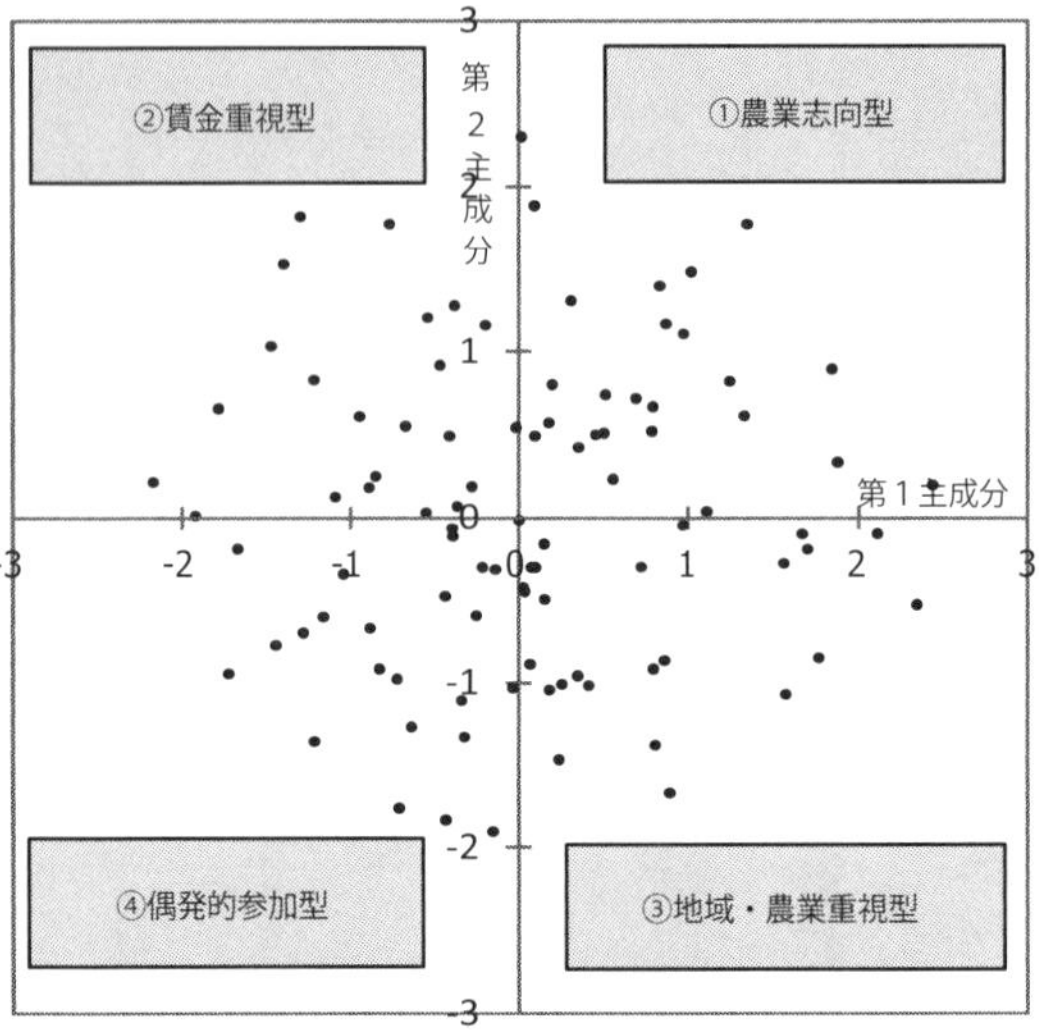

図3･2　農作業ヘルパーの参加動機別分類

注1）アンケート調査により作成。
2）第1主成分を横軸、第2主成分を縦軸にとった。
3）第1主成分は「富良野地域に住むこと、農業をすること」を重視するほど高い値を示し、第2主成分は「賃金を稼ぐこと、富良野に来ること」を重視するほど高い値を示す。

農業志向タイプと地域・体験重視タイプ

農業志向タイプの動機は農業経験・富良野市・賃金などのキーワードを重視した就業者である。東京都出身の34歳で独身女性は、専門学校を卒業後、専門を活かした仕事に就業し、その職場で約10年間就業した後、過重労働で体調を壊し退職した。約2年間の休養を経て、農作業ヘルパーを2年前から始めた。就業のきっかけはリハビリとして始めた家庭菜園で、食べ物を作る感動を得て「農業を職業にしてみたい」と思い、知識と経験をつけるために短期アルバイトから始めようと求人情報を探した。北海道・富良野という土地への憧れと募集要項に「初心者大歓迎」とあったこと、寮が完備という条件から就業を決意した。このタイプは、農業を職業にする入り口として農作業ヘルパーを選択し、かつ富良野への認知度の高さもあって就業した集団であるといえる。

地域・体験重視タイプの動機は富良野市に行って住みたい、農業経験をしてみたいとの思いである。秋田県出身の32歳独身女性は、地元の農業高校卒業後、実家から週2日程度の頻度で接客業やガソリンスタンド等で転々として就業し、約10年間働いていた。地元に仕事が無く、ハローワークで仕事を探した際に、農作業ヘルパーを見つけた。農業高校で学んだことと農業現場との差を知りたいと思い、4年前に農作業ヘルパーへ就業した。高校卒・短大卒が多く、職を転々としていた者と長期間勤めていた者が半々である。今後の暮らす場所を考え、就業先を選択している集団である。

農作業ヘルパー事業への評価

農作業ヘルパーに就業してからの反応は、４つの就業動機ごとの集団での差は見られなかった。彼ら彼女らの農作業ヘルパー事業への評価は以下の通りである。

農作業ヘルパーの賃金体系については基本的に満足しているが、出勤日数が天気に左右され月ごとの収入の差が大きい事、就業者が負担する経費を抑える余力がないことに不満を示した。農作業に対しては、ハウス内作業での暑さには苦痛を感じているが、それ以上に収穫作業に喜びや価値を感じるという評価であった。作物の成長過程を見ること、黙々と作業を続けること、そして日々の達成感を得られること等、農作業ならではという部分に働き手は魅力を感じている。

農家・寮生活・農協職員との人間関係に対しては、当然のことであるが、相手の個性で印象を異にしている。気が合う農家に出会った場合、そこで働くために再び農作業ヘルパーに就業した者もいる。毎年更新という就業形態でありながらも、通い続けるモチベーションを人間関係から生んでいるのである。また農作業が過酷だから辞めるというよりは、親方や一緒に働く人たちとの関係が上手くいかず、そのために農業が辛くてやめるという印象を得た。

「やりがい」を求める農業派の彼ら彼女たち——社会的位置づけ

このように、農作業ヘルパーは基本的には短期間・単年度の就業であり、給与水準は必ずしも高くはなく、不安定な経済的位置にある。しかし、就業動機との関係から自分の労働の社会的位置づけに対する意識は異なっている。短期間の労働で給与を得る動機の場合は、労働に対するポジションの評価は高くはないが、農業・農村への関心が動機で就業した場合には、やりがいや農作業に対する評価は高い。ただし、やりがいなどの意識は、農家や受入機関である農協との関係性によって、影響を受けていることも明らかとなった。短期的被雇用労働者が自分の仕事に対して高い意識（やりがい）を持ち、それを社会的に評価してもらうことを望んでいること、つまり社会的位置づけを願っていることを、農村、農業サイドが認識しているかという問題である。「使ってやっている」「代わりはいくらでもいる」という意識を持っている農業経営者はまだまだ多い。そのことが、農村で働く人、働きたい人の意欲を阻害していることを感じ取らなければならない。

多様な働き方、仕事と生活とのバランスを取った働き方に対するニーズは今後も増加していくことが想定される。農業が経済的目的以外にさまざまな働く上での喜びを提供できるということを受け入れ側が認識することで、多様な人々の農村へのアクセスが増加するということを肝に銘じたい。

2　農業で働く意志——酪農ヘルパーの世代格差

ここでは、野菜地帯とは少し条件が異なる酪農での農業雇用労働者に焦点を当てよう。酪農の特徴は、何と言っても動物相手の仕事であり、通年の作業であることにある。搾乳、餌やり、哺育など毎日の仕事の他に、季節に合わせて牧草地での飼料生産や糞尿処理作業もある。こうした周年拘束性が高く労働時間も長い酪農経営の休日確保のために作られたのが酪農ヘルパー組織である。１９９０年頃から設立されて以降、組織数は順調に拡大し、２０１５年の道内酪農ヘルパー組織数は90を数える。酪農家への認知度も上がり、酪農ヘルパーの必要性は高まる一方で、その要員は専任が５２１名、臨時が３９６名に過ぎず、全道５５０７戸の酪農家にサービスを提供するには十分な勢力ではない。

酪農ヘルパーの属性

ここでは全道にある酪農ヘルパー組織のうち、根釧、宗谷、十勝地域にある３組織に所属する酪農ヘルパー職員59名に焦点を当てる（２０１５年調査）。内訳は根釧地域にあるA社33名（全員）、宗谷地方のB社10名（全員）、十勝地方にあるC社16名（全員）である。これらの組合はいずれも給与や手当の充実を率先する等、他組織と比較して労働環境が整備されている。

酪農ヘルパー職員59名のうち分けは、男性が49名、女性が10名で、男性が圧倒的に多い集団である。年齢構成は、20歳代24名、30歳代26名、40歳代５名、50歳代４名で、20歳代と30歳代を合計すると全体の８割を占めている。

経験年数は、１年未満が14名、１～３年が18名、４～６年が14名、７～９年が６名、10年以上が７名であり、比較的バランスよく分布している。１～３年、４～６年の経験年数の職員は各年齢層に存在するものの、20歳代では学卒後の新卒採用であるのに対し、30歳代、40歳代は転職を数回行っている。前職は農村パート・アルバイト20名、牧場従業員9名、会社員6名、都市パート・アルバイト5名、農家子弟1名である。酪農経験を持つもの以外に、「非農業」からの転職も多く、農村での一つの就業先としての位置づけも見られる（**図3・3**）。牧場経験、酪農経験を持つ22名は、地域を移動しながら、自分に合う職場を探している。

出身地は、道内が半数を占め、道内移動も多い。道外出身者は、北海道といえば酪農というイメージがあり、そのために酪農を職業にしたという。

単身者が33名、既婚者が26名であり、既婚者の中には子供がいる職員も18名いる。夫婦で働きながら農村に住んでいる職員の存在は、酪農ヘルパーが農村の就業の場として機能していることを意味している。給

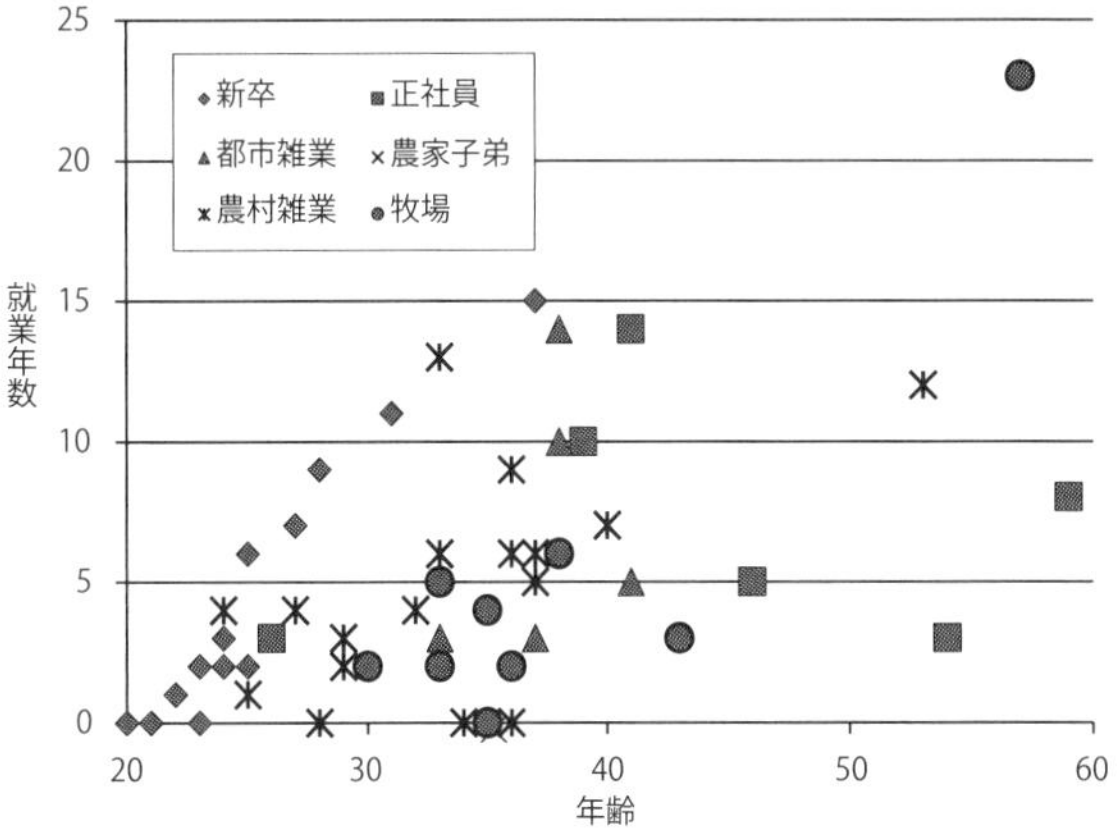

図3・3　年齢・就業年数別の前職業内容

注）2015年の聞取り調査により作成。

与についても、経験年数にも影響を受けるが、年代が上がるにつれて金額も上がっている（**表3・7**）。

では、酪農ヘルパーに就業した者たちは、何を思い就業し、この仕事に対して何を感じているのか。世代の差を意識しながらその内実を探ってみよう。

研修のスピード、孤独感から離職する若者たち――20歳代

20歳代は男性17名、女性7名の合計24名の集団であり、職員全体の41%を占め、30歳代と並ぶ中心世代である。新卒採用者が16名、3分の2もいる。このうち、約半数が以前に酪農の経験を持ち、新規就農の入り口（5名）、酪農経験を活かした就業（4名）と位置づけている。未経験者7名は、酪農への関わりを重視する者もいたが、他産業との比較で酪農ヘルパーを一つの職業として就業した者（5名）もいた。また、転職経験者8名は会社員やアルバイト、加工場従業員等の非農業分野で就業した経験を持つ。

ヘルパー組合への採用時には、酪農経験に応じた研修が設定され、有経験者で1か月、未経験者で4か月ほどの期間である。未経験者の場合、最初

表3・7　年代別の年間給与水準

単位・人

	200万円未満	200〜300	300〜400	400〜500	500〜600	合計
20歳代	4	15	3			22
30歳代	1	11	7	4	2	25
40歳代			4	1		5
50歳代			1		2	3
合計	5	26	15	5	4	55

注1）2015年の質問紙調査により作成。
　2）不明4人を除く。

の数か月は牧場で働きながら搾乳・餌やり等の日常業務に関わる基礎技術を習得する。その後上司に同行しながら、酪農家との関係を築きつつ仕事を掴んでいく。ただし、酪農ヘルパー全国協会の初心者講習会で初めて牛の生理を知ったという者もおり、知識を吸収する時間も無いままに現場に行く現状もある。人手不足のため、新人の技術習得ペースに合わせた研修期間が設定できないのである。こんなことから、離職が発生する。十勝の組合では4月入社した未経験者8名のうち5名が10月調査時点で退職しており、研修期間中が多いという。

技術習得以外にも離職要因はある。他職業にもみられる職場での人間関係である。特に地域外からの就業した職員には地元採用のような人のつながりが無い。しかも、就業時間が朝夕の搾乳時であり、日中に自由時間があるため、定時勤務の人とお付き合いは難しい。「定期的な飲み会があれば、愚痴を言えてストレス発散できるのに」という声もあった。就業3年未満の職員が多い20歳代は、24名のうち11名が就業3年以内での離職を検討しているというのが現実なのである。

探し当てた仕事、しかし離職の選択も——30歳代

30歳代の職員は最も層が厚く26名で全体の44%を占める。ただし、女性は2名のみであり、20歳代に比べ格段に割合が下がる。これは結婚を機にした退職やサブヘルパーへの移行などのケースが多いためである。体力的負担の大きさ、育児との両立の難しさなどが背景にある。

30歳代の特徴は、非農業部門からの就業者が半数近く、転職経験のある者は9割近くを占める。自分に合う仕事・職場を探してきた世代である。地元で酪農の仕事をしたい者（8名）、地元で安定した職業として選択した者（3名）等、酪農ヘルパーを安定した農村就労の場として捉えている職員も多い。

20歳代とは異なり、この世代は継続の意向が強い。定年までが12名、当分は続けるが8名もいる。何度かの転職の後に、自分に合う職場・地域を見つけた結果と言えるかもしれない。給与水準も中央値は350万円程度となっており、各種手当ても充実し、他の職業と大きな違いがない。

しかし、それでも離職を選択せざるを得ない実態がある。第一は、身体の故障である。肉体的労働が中心のため、怪我や骨折など体調を崩すこともある。腰の負傷など長期に支障が出る場合、現状は退職せざるをえないのである。第二は、生活インフラの問題である。学校の統廃合や病院の統合のなかで、子供のためにと都市部へ再移転を決断するケースもある。第三は、利用者である酪農家との関係である。自分の仕事がどう位置づけられているのかが、職員のモチベーションに影響を与える。その結果が離職というケースもある。

これからも継続、ベテランの域に達した40歳代

40歳代以上の職員は男性8名、女性1名、合計9名である。新規学卒から長期で継続している職員はいない。酪農ヘルパー組合の設立時期が1990年前後であり、まだ30年に満たないので当然とも言

える。今後については、殆どが継続意向である。給与水準は中央値が420万円であり、既婚者は7名、農村において家族を養うだけの経済的位置を有している。

では、20歳代、30歳代の悩みはどのように克服されたのであろうか。体力は30歳代に比べて落ちているものの、危機感はみられない。適応できる職員だけ残った結果とも言えるが、「酪農家それぞれの押さえるべきツボみたいなものがわかり、力を抜くタイミングを心得ている」という回答があった。自分に負担をかけない働き方を習得することが継続するための条件なのである。人間関係についても酪農家や地域住民、職場での関係を築いており、これまでの技術習得や人間関係の苦労の上に現在のポジションがあるのである。

協同が農業の面白さを醸し出す

酪農ヘルパーという職業は、経済的位置は決して低いものではない。人材確保のためもあって、適正な給与水準の確保や労働条件の整備が進められているが、一方で、人材が集まらない、離職率が高いという現実がある。それは今回の調査からも分かる通り、酪農ヘルパーが経済的な位置づけに対してよりも、人との関係性、仕事とのやりがいを強く意識し、それが就業の継続に大きく影響を与えているからである。

酪農ヘルパー組織は30年ほど前に設立されているが、未だその位置付けは曖昧である。「搾乳・餌やり等の日常業務だけをこなすだけで良い」のか、「発情観察や機械利用までやってほしい」のか、特に若手では戸惑うことが多い。

しかし、酪農ヘルパーという職業は、特定多数の牧場を相手に高度なサービスを提供する事業体ではないのだろうか。牧場ごとのレイアウト、作業の手順や搾乳方法の違い、飼い方のこだわりなど多様な情報を管理する。職員内でそれを共有し、各牧場にサービスを提供する応用度の高い労働である。だからこそ、今後、酪農ヘルパーが酪農家の営農に貢献できる可能性も秘められている。

農業・酪農の仕事には多くの面白さが含まれている。それぞれ立場は違うが、協同しながら地域農業を支え、生きるからこそ得られるものである。取り上げた農作業・酪農ヘルパー、彼ら農業雇用労働者もその一翼を担っていることを改めて強調しておきたい。

【関連研究】

(1)福澤萌・小林国之・坂下明彦「農作業ヘルパーの農業・農村への関わり方に関する一考察―北海道富良野市における就業者の属性と就業意向の分析から―」『協同組合学研究』37巻2号、２０１７

Ⅲ　国際的にも進む労働力移動——中国朝鮮族

李雪蓮

韓国は「漢江の奇跡」とソウルオリンピックを契機に急激な経済成長をとげ、1990年前後から労働力不足問題が顕在化した。なかでも建築業と製造業などの単純労働者が不足し、企業規模では中小零細企業で深刻であった。

この労働力問題の緩和のために、韓国では産業技術研修制、就業管理制、雇用許可制、訪問就業制など海外の労働力受入政策を順次導入することになった。この中心となったのが、言葉の通じる中国朝鮮族の出稼ぎ労働者である。そこで韓国の外国人労働力受け入れ過程を朝鮮族に着目して見ていきたい。

1　外国人労働力の受入——韓国への朝鮮族のUターン

中国朝鮮族とそのUターン

中国朝鮮族は、朝鮮半島から中国東北部へ移民した人々が、本国が日本の植民地から解放されて以降も中国に継続して居住し、国籍を取得して認定された民族である。最新の中国人口センサスでは１８３万人を数えるが、60万人以上が韓国に出稼ぎ・滞在している。中国では主に東北部に多く分布し、稲作の発展に寄与し、農村部の中堅として活躍してきた。およそ50の朝鮮族自治郷（町村に相当）が設立され、その下に朝鮮族単一ないし一部漢民族と混住する集落が形成されてきた。

中国朝鮮族による出稼ぎは中国政府の１９７８年の門戸開放により、海外との交流が少しずつ進むことによって始まった。また、１９９２年の中韓の国交回復が大きな契機となった。１９９１年には中国と韓国の一人当たりの所得格差が21倍まで広がり、それが朝鮮族出稼ぎの原動力となった。また、韓国においては１９８０年代末から労働力不足問題が顕在化し、最も深刻化した１９９１年には不足率が５・５％に達した。

１９９１年から「産業研修制度」が創設され、国外からの「研修生」が流入した。研修生の就業先は製造業や建設業などに限定されていたが、実際には多くの外国人労働者、特に朝鮮族がサービス業などの分野で不法就労を行っていた。２００２年の調査によると、25万6千人の不法滞在者がおり、その40％にあたる10万3千人がサービス業に従事していた。特にサービス業では会話能力が必要とされるため、その半分近くの5万人が朝鮮族であった。この実態に合わせ、２００２年には外国人労働者の就業機会の拡大とサービス業の労働力不足の解決を目的とした「就業管理制」が導入された。その対象者は韓国に縁故のある中国朝鮮族であり、これは実質的に朝鮮族を対象とした初めての政策であった。

また、２００４年の在外同胞法の改正で、中国朝鮮族も「在外同胞」として位置づけられ、韓国へ渡航、就業が可能になった。さらに２００７年には「訪問就業制」が施行され、韓国内に親族または戸籍の無い「無縁故同胞」の朝鮮族にも就業の機会が付与されるようになった。このようにして、韓国の朝鮮族は特別の地位を与えられるようになったのである。

韓国での朝鮮族受入の実績

それでは韓国における中国朝鮮族の「導入」はどのように進んだのであろうか。その契機はやはり１９９２年の中韓国交樹立である。国交樹立以前にも一部の朝鮮族は親戚の招聘によるビザ発給（１９８４年）を利用して韓国に滞在することができた。漢方薬等を持ち込み、親戚への贈り物にするほか、販売することで高額の収入を得たものもいた。こうした韓国での経験や見聞にもとづき韓国の経済発展の状況や居住環境等が帰国後に伝えられ、朝鮮族の韓国への出稼ぎを促進する要因となった。

図３・４は中国朝鮮族の韓国入国者・滞在者数の推移を示している。朝鮮族の入国者数は１９９２年には３万１千人であったが、２０１６年は26万７千人となり、25年間で８倍近く増加している。男女間で入国者数に大きな違いはない。２００７年の訪問就業制のスタート以降、朝鮮族の韓国への入国や滞在資格の訪問就業制への切り替えが急速に進み、初年度の訪問就業資格滞在者数は22万９千人で、２００６年度の入国者数６万５千人の３倍近くとなった。

朝鮮族の滞在者数は２００４年には16万１千人と前年度から３万人の大幅な増加をみせている。また２００７年は訪問就業制度により急増し、前年度から９万人の増加となる32万９千人に達した。その後も増加を続け、２０１５年には60万人を超え、２０１６年末には62万７千人となっている。この年の外国人滞在者数は２０４万９千人に達し、韓国人口５、１６９万６千人の４・０％となっている。なかでも中国人は１０２万人、49・６％を占めているが、その60％が朝鮮族なわけである。

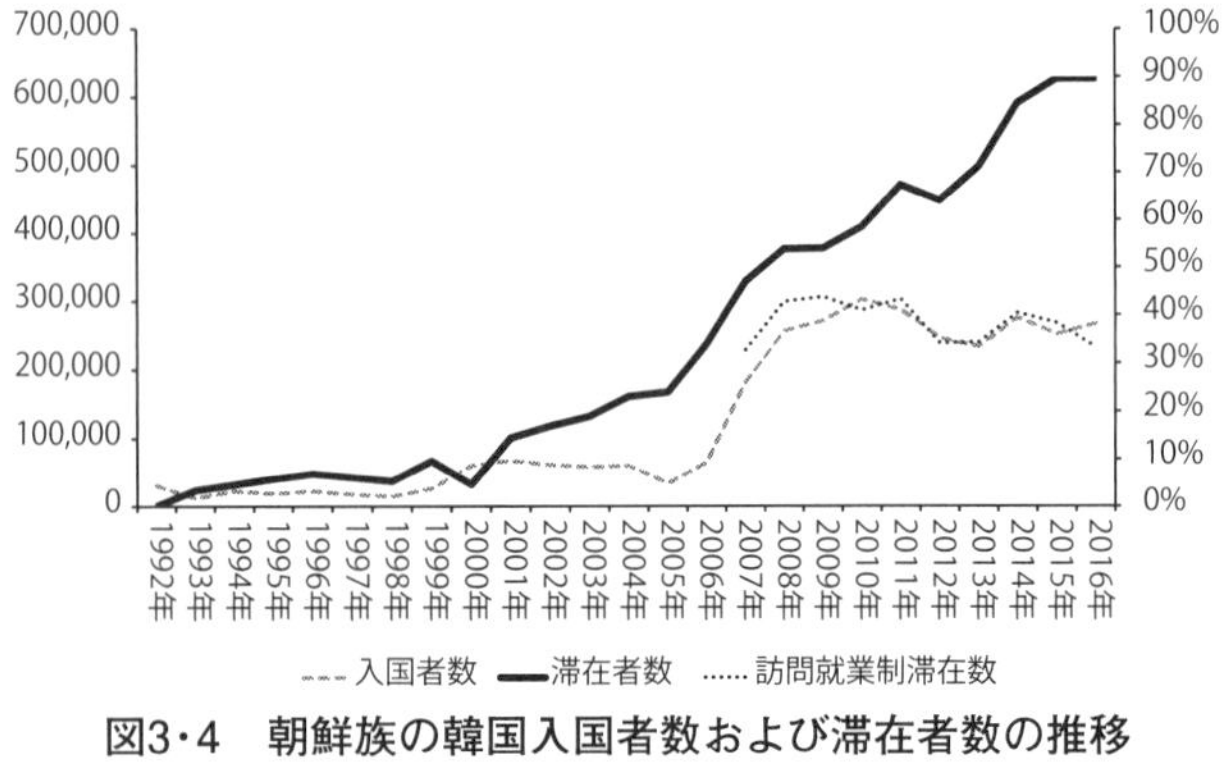

図3・4　朝鮮族の韓国入国者数および滞在者数の推移

注１）韓国『出入国統計年報』各年度により作成。
　２）滞在者数は各年度で統計項目が異なっており、下記の資料のうち、「韓国系中国人」数である。
1992年は「国籍および滞在資格別居留外国人」による。

1993～1999年は「短期滞在外国人」と「国籍および滞在資格別登録外国人」の合計である。

2000年は「登録外国人統計表」による。

2001～2004年は「長短期滞在外国人」による。

2005年からは「滞在資格別滞在外国人現況」による。
　３）「登録外国人」は韓国に入国した日から90日以上滞在する外国人である。

資格別の滞在者の動向

表３・８は滞在資格別朝鮮族の滞在人数の変化を示している。１９９１年から始まった産業研修制度は２００７年に雇用許可制に統合され、実際に廃止されたのは２０１３年であり、以降技術研修に変わった。この資格の滞在者数は２００１年の２万２千人をピークに減少が続き、２０１６年は２５９人まで減少している。また、研修就業と就業管理も統合され、２０１０年からは訪問就業に転換することができるようになった。短期訪問、非専門就業は徐々に減少しており、訪問就業に転換したと考えられる。２００７年に訪問就業資格が新設されてから、こ

表 3·8　滞在資格別朝鮮族の滞在人数の変化

単位：人

年度	短期訪問	技術研修	研修就業	非専門就業	就業管理	在外同胞	永住	結婚移民	訪問就業	合計
1993	20,568	2,232								23,997
1994	21,488	7,062								32,447
1995	23,329	9,270								40,810
1996	24,665	11,957								48,304
1997	16,564	13,401								42,963
1998	12,900	11,602								37,223
1999	22,980	20,248								66,522
2000	—	19,967	196							32,443
2001	29,282	22,612	1,670							101,068
2002	37,996	20,635	3,272		156					118,300
2003	12,635	15,263	3,807	54,457	7,154					132,305
2004	17,273	10,551	4,467	55,348	19,928					161,327
2005	11,581	5,642	2,939	33,151	53,336					167,589
2006	8,561	4,207	2,105	65,464	86,186		39			236,854
2007	7,078	2,760	908	13,169	9,204		119		226,743	328,621
2008	5,659	2,212	431	7,128	1,432	2,453	292		294,344	376,563
2009	4,966	1,966	352	5,845	1,053	4,949	983		299,796	377,560
2010	4,413	853		5,998		32,222	19,295	31,664	277,928	440,743
2011	2,565	487		4,618		74,014	32,186	1,002	293,132	470,570
2012	3,765	444		3,872		116,988	45,405	19,684	227,797	447,877
2013	3,307	422		3,627		159,324	56,134	21,996	228,049	497,989
2014	3,134	408		3,387		208,312	64,337	20,368	267,768	590,856
2015	2,802	360		2,811		241,056	71,306	18,712	268,123	626,655
2016	4,758	259		746		275,342	75,307	17,407	232,578	627,004

注１）韓国『出入国統計年報』各年度により作成。
　２）合計にはその他を含む。

の資格による滞在人数が爆発的に増加しており、他資格から転換したと見られる。一方、在外同胞資格と永住資格も著しく増加していることが確認できる。なお、結婚移民は２０１０年より統計にあらわれている。

朝鮮族の滞在人口における男女差はあまりない。滞在資格を見ると、在外同胞が27万5千人、43・9%、訪問就業が23万2千人、37・1%、永住が7万5千人、12%、結婚移民が1万7千人、2・8%となっている。また、この年に在外同胞資格所持者が訪問就業人数を始めて上回った。訪問就業ビザの期限が5年未満であるのに対し、在外同胞資格は期間の定めがなく、より安定的な滞在資格であるためである（**表3・9**）。

年齢では50歳代が26・7%と最も多く、次に60歳以上が21・2%、40歳代が20・9%であり、中高齢層がおよそ70%を占めている。しかし、訪問就業制などの年齢制限が引き下げられていることもあり、20歳代と30歳代も増加傾向にあり、さらに乳幼児も少しずつ増加している（**表3・10**）。

表3・9　朝鮮族滞在資格別区分（2016年）

単位：人、%

滞在資格		人数	割合
在外同胞	F4	275,342	43.9
訪問就業	H2	232,578	37.1
永住	F5	75,307	12.0
結婚移民	F6	17,407	2.8
居住	F2	10,845	1.7
訪問同居	F1	8,897	1.4
短期訪問	C3	4,758	0.8
非専門就業	E9	746	0.1
その他		579	0.1
技術研修	D3	259	0.0
留学	D2	168	0.0
同伴	F3	62	0.0
一般研修	D4	56	0.0
合計		627,004	100.0

注）韓国法務部『出入国統計年報』2016年により作成。

表3・10　朝鮮族の年齢別滞在人数（2016年）

単位：人、%

年齢	滞在者数	比率
0〜9	7,997	1.3
10〜19	2,191	0.3
20〜29	69,739	11.1
30〜39	115,984	18.5
40〜49	130,773	20.9
50〜59	167,696	26.7
60歳以上	132,624	21.2
合　計	627,004	100.0

注）表3・9に同じ。

滞在資格の変化と現在の位置

なぜ、中国朝鮮族は全人口の30％を超える人々が韓国への出稼ぎに向かったのだろうか？　その他の労働移民とは違い、中国朝鮮族は血縁を持っている母国への出稼ぎである。韓国人の親戚による招聘で入国し、その後は不法滞在の形で数多く働いていた。そして、在留資格制度が緩和する下で、より安定した身分で働けるようになった。特に、訪問就業制度の導入は、朝鮮族を従来の親戚訪問や産業研修生からの不法滞在化という流れから救い出し、朝鮮族労働者を「同胞」として位置づけるようになった。このことは出稼ぎ労働者の滞在方式にも影響を及ぼしている。韓国の労働市場の側面からは外国人労働者が不可欠となっており、当初の研修生身分から雇用形態へとかじを切ることでその導入を本格化し、不法滞在者を払しょくすることができた。なかでも、朝鮮半島を母国とし言語も同一である中国朝鮮族は最も労働力として適合的であった。就業に当たっては国内労働者保護のために業種が制限され、労働力が不足している建築業、製造業、サービス業を対象とし、中小規模企業への就業を奨励している。朝鮮族の出稼ぎ労働者はこのような制度に適応しながら、自らの出稼ぎ希望を満たしつつ、２０１６年には韓国経済活動人口の２・４％を占めるまでになっている。

しかし、法的には朝鮮族を「同胞」の範疇に入れ、就業範囲が広くなったにも関わらず、朝鮮族は「外国人労働者」という身分を越えられない。朝鮮族滞在者の95％以上である在外同胞資格と訪問就業制は韓国側の労働市場により業種が決められている。特に訪問就業制の導入人数は年ごとに決められ、総人数は30万3千人までと制限している。

韓国側にとっては労働力として必要であれ、内国民の就職を脅かす存在でもある。朝鮮族も出稼ぎ世代の切り替えと出稼ぎ者の学歴向上によって、出稼ぎに対する意識が変わりつつあり、出稼ぎ方式も先発の世代とは異なる様相を見せている。

2　中国と韓国の間――中国朝鮮族の立ち位置

以上、中国朝鮮族を中心とした韓国政府の外国人労働力の受入政策、その下での朝鮮族の動向をスケッチした。私自身は２０１３年10月から２０１５年3月の1年半の期間、韓国ソウル近郊に滞在し、参与観察の手法で出稼ぎを中心とする朝鮮人の実態に関する調査研究を進めた。ここでは20年以上を経過した朝鮮族はどこを目指しているのかを考えてみたい。

世代別の渡航と在留資格

観察者は50人であり、いずれも中国から韓国への渡航経験者である。男性が24人、女性が26人である。年齢別には70歳台が1人、60歳台が6人、50歳台が10人、40歳台が7人、30歳台が21人、20歳台が5人であり、平均年齢は44歳である。この50人の滞在資格を**表3・11**に示した。一番左の韓国籍が最も安定しており、右へ行くほど不安定となるが、不法滞在者1名を除けば、以前から比べるとその待遇は上昇している。長年の出稼ぎで苦労した人がやっと安定した在留資格を持っているようにも見えるが、若手で韓国籍や永住権を持っている人もおり、世代での相違も現れているようである。

滞在期間は、１９９４年から２０１６年までとこの時点で23年にも及んでおり、この出稼ぎ現象も歴史になりつつあることを感じさせる。時期別に滞在資格の取得内容が異なるので、これを年代別に示した。**表３・12**は40歳以上の24人であり、**表３・13**が40歳未満、つまり30歳代、20歳代の26人である。表頭は観察者の番号であり、表側の在留資格に対応した数字は何回目の資格変更であるかを示し、そのうち初回を網掛けしている。№４の例を見ると、親戚招聘でやってきて不法滞在者になり、訪問就業制の資格を取得し、さらに永住権を取って最後に韓国に帰化しているということを示す。

最初の渡航時の滞在資格は、親戚招聘が17人、産業研修制によるものが７人、訪問就業制によるものが13人、在外同胞の資格が５人、その他（旅行、留学、密入国等）が８人である。40歳以上の者では親戚招聘や産業研修制度を利用した者が主であったが、いずれも短期滞在資格で

表 3・11　調査対象者の滞在形態（2016 年 3 月現在）

単位：人

年齢階層	合計	韓国籍		永住権		在外同胞		訪問就業		結婚移民		不法滞在	
		男	女	男	女	男	女	男	女	男	女	男	女
70 歳以上	1	1											
60 歳以上	6		1			3	2						
50 歳以上	10	2	2	1	2	1		1					1
40 歳以上	7			3	1	2			1				
30 歳以上	21		3		3	2	1	4	7		1		
24 歳以上	5			1		2	1	1					
合計	50	3	6	5	6	10	4	6	8		1		1

注）聞き取り調査により作成。

表3・12　滞在経歴（40歳代以上）

単位：回

項目	1	2	3	4	5	6	7	8	9	10	11	12	13	14	15	16	17	18	19	20	21	22	23	24
その他								旅行1			密入3	密入3				短期1		密入1				旅行1		
親戚招聘	1	1		1		1	1	3	1	1			3	1			1		1		1		1	
産業研修制											1	1	1		1						3			
不法滞在	2	2		2		2	2	2		2	2,4	2,4	2,4		2	2		2			2,4	2		
訪問就業制		3	1	3	1	3		4	2		5	5	5	2	3	3	2	3	2		5	3	2	1
在外同胞		4	2		2	4	3							3				4		1				
永住				4				5	3								3		3		6	4		2
帰化	3			5								6	6		4	4								

注1）聞き取り調査により作成。
2）番号は滞在資格別の順番を示している。したがって、滞在中に資格変更した時にはカウントされる。
3）塗りつぶしは1回目の入国時の滞在資格を示す。

表3・13　滞在経歴（40歳代未満）

単位：回

項目	25	26	27	28	29	30	31	32	33	34	35	36	37	38	39	40	41	42	43	44	45	46	47	48	49	50
その他				同胞1								留学1 同胞3	結婚 移民1				旅行 1									
親戚招聘							1	1			1										1	1				
産業研修制	1				1	1																				
不法滞在	2				2	2						2														
訪問就業制		1	1	2	3	3		2		1	2	4		1	1		2	1	1	1	2				1	1
在外同胞									1							1							1	1		2
永住		2			4			3														2				
帰化	3					4	2																			

注）表3・12に同じ。

あった。産業研修制度および親戚招聘による滞在者はより多くの給与所得を求めて不法滞在者となり、長期滞在・就業をすることが多かった。

不法滞在期間があるものは19人、延べ23回である。親戚招聘で入国した19人のうち、２００３年以前に入国した８人はすべて不法滞在期間がある。一方、産業研修制度で入国した８人もすべてが不法滞在者へと転落する。これに対する韓国政府の一連の対策の結果、２００７年から訪問就業者は期間限定ではあるが滞在資格を持つことができ、この時期に34人は比較的安定した滞在資格を有するようになっている。

これにより不法滞在者は大幅に減り、現在の滞在資格は50人のうち、国籍取得９人（うち申請中１人）、永住権11人、結婚移民１人、在外同胞14人、訪問就業制14人であり、不法滞在者は１人に過ぎない。

20年間の出稼ぎの先に見えてくるもの

朝鮮族は朝鮮半島から中国の「満洲」地域に移住し、農村地域に拠点を置いてきた。しかし、この20年間で再び韓国へ戻る逆移住現象が起きたわけである。その大部分は様々な方法での出稼ぎから始まって、現在では比較的安定した法的地位、就業環境、生活環境を整えるまでに至っている。ただし、現在の中国からの出稼ぎ者はかつての中国への移住者の２世、３世、さらに４世へと世代交代を見せており、彼らの生活基盤、言い換えれば故郷は中国だと認識されるようになっている。こうしたアイデンティティの問題も頭の片隅に置きながら、この50人の観察者の位置を類型化したのが、**図3・5**である。現段階における法的地位、就業環境、生活環境と本人の意向を踏まえて大きく3つに分類した。

韓国と中国で老後を過ごす——出稼ぎ第一世代

図の左右に位置付けたのが、韓国での「定住者」と中国への帰国者である。若者も含むが、出稼ぎという不安定な状況から抜け出して、韓国、あるいは中国を選択した人である。このうち、10人は長い出稼ぎ生活を経て、韓国国籍を取得したひとである。№1と№4のような高齢者を除くと、本人あるいは家族が自営業として飲食店や下請け

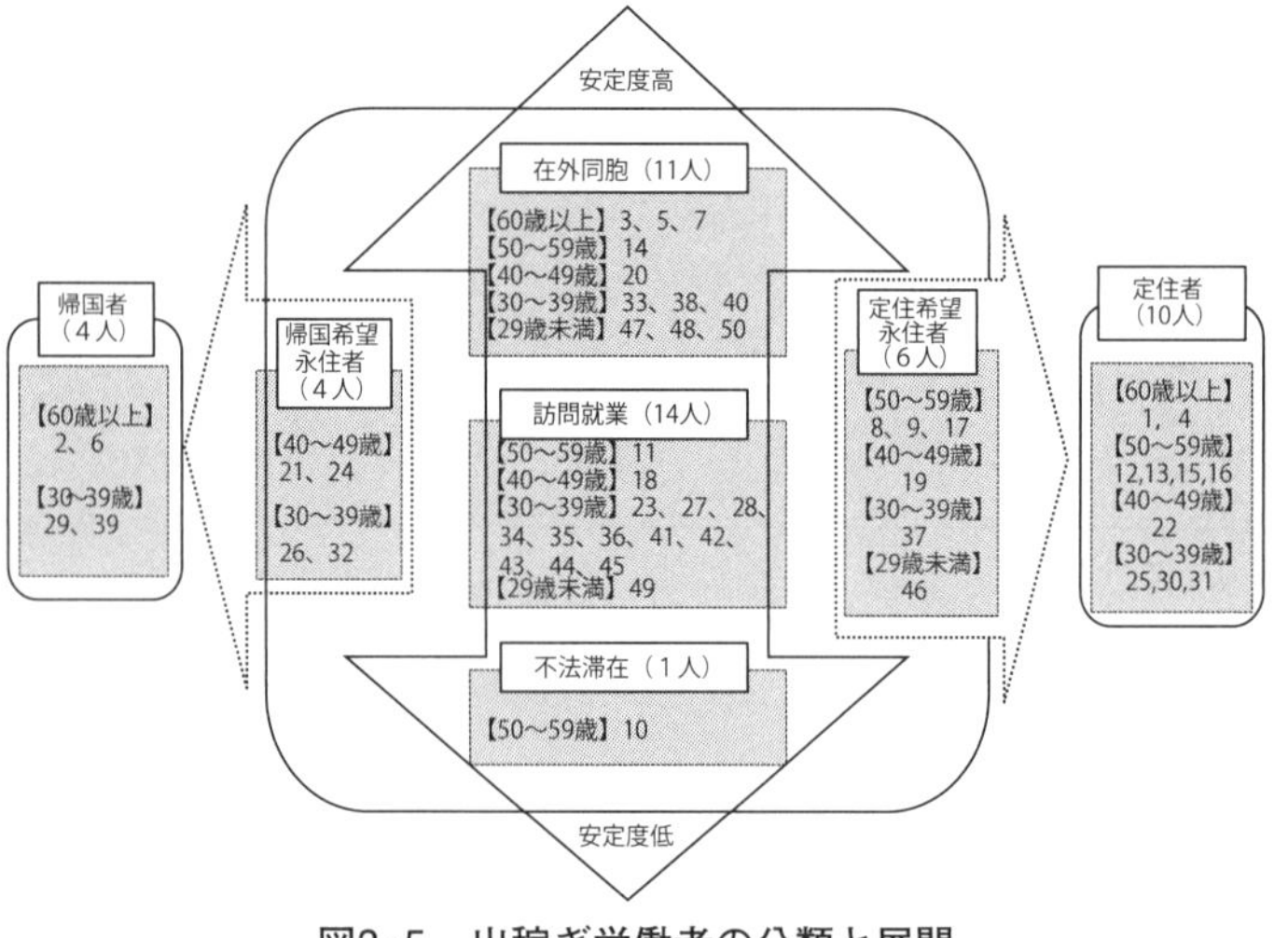

図3・5　出稼ぎ労働者の分類と展開

注）聞き取り調査により作成

などを含む建設業などを営んでおり、自営業の事業量も一定の規模に達しており、収入も増加を見せている。二重国籍は認められないため韓国への帰化を選択し、韓国への完全な移住を果たしたことになる。

もう一つは、帰国して中国に居住している4人である。№2と№6は夫婦であり、現在も在外同胞（高齢者）資格を所持しているが、夫婦とも13年間の出稼ぎ生活を終え、長女の代わりに孫の世話をしながら老後の生活を送っている。№29は20歳であった1997年に産業研修生として渡航し2015年まで18年間滞在し、永住権を取得した。夫も永住権を取得し安定した職場で働いていたが、自分の経験を活かして中国で商売を行い、息子の教育も中国で受けさせることにし、2015年に帰国している。

過渡的な存在――永住権を持つひとびと

両端の「定住者」、帰国者の内側に位置付けられているのが永住権所持者（永住権者と略）である。彼らは韓国で永久に居住できる権利を持っている。ただし、今後の意向や財産の所有状態、家族などを考慮すると2つに分けられる。一つ目が帰国志向の永住権者である（4人）。これは帰国者への移行過程にあると位置づけることができる。例えば、№21と妻の№26は中国の市街地にマンション、農村に宅地を確保しており、息子への経済的支援（大学卒業および結婚など）に必要な資金を貯蓄し、老後の生活資金がある程度貯まったら中国に戻って小さな飲食店をオープンし、ゆとりのある生活をしたいと望んでいる。

もう一つが韓国での定住化を志向する永住権者である（6人）。№9と妻の№17は10年間で得た貯蓄に加えてローンを組み韓国で自宅を購入する計画を持っており、今後も韓国での生活を続けようと考えている。息子も身を寄せてきたので、将来的にも家族揃って韓国で生活する計画である。№8は中国にもマンションを所有しているが、家族全員が韓国に移住したので、これからも韓国で生活を継続する意向である。№19は母親と息子が帰化しており、兄弟も韓国にいるため、これからも現状のまま韓国での生活を維持しようとしている。つまり今後も継続的に韓国で生活する家族環境があり、次のステップとしては帰化申請があるのみである。

出稼ぎ者はどこを目指しているのか

最後は、定住前で、韓国での永住権も持たず、「出稼ぎ」を続けている労働者である。観察者の中でも36名と最も大きい集団であり、マージナルな地位に立たれている。このため、その安定度によって3つに区分した。

その第一が不法滞在者である。極めて不安定な身分での滞在であり、いつ取り締まりで拘束されるかわからない存在である。唯一の事例である№10の不法滞在歴はすでに10年間を経過している。韓国での交友関係も広がり、息子ら（№38、№49）も近隣に居住しており、就業はせずに孫の世話をしている。法的地位の問題を除けば、現在のところ韓国での生活はある程度安定化している。

訪問就業資格所持者（訪問就業資格者と略）はすべての在外同胞に門戸を開けているが、在留期限が満了した場合には出国しなければならず、他の方法により再入国を行う必要がある（14人）。しかし、出国せずに在外同胞資格へ変更できる方法があり、指定された地方の製造業で2年間継続して就業し、その期間内に雇用登録をすることである（No.14とNo.19）。

在外同胞資格を所持するもの（在外同胞資格者と略）は11人である。事務、製造、技能資格証、高齢者等に分類されるが、いずれも在留期間の延長さえ申請すれば滞在期間の制限はない。つまり特に違法行為など不祥事が無い限り、滞在延長を制限なく許可される。特に若者にはまだ渡航歴が短い者が多く、今後の生活の舞台をどちらの国にするかの決定には時間がかかる。No.20、No.40とNo.50は中国では住宅などを所有せず、また韓国で婚約者がいるためしばらくは韓国で生活しようという意向があるが、将来については未定である。No.47とNo.48は親の元に身を寄せているが、今後の就業、結婚生活により方向性が変わる可能性がある。

このように50人のうちの7割以上の人々が当面は「出稼ぎ」生活を続けていく意向であり、中国と韓国の間に立たされている。中国の農村部にはすでに戻る場所はないが、生活環境、教育などを考え中国の都市部に戻るチャンスをも伺っている。また、韓国での労働規制は政策面では緩和されたとはいえ不安定要素を多く抱えており、一時的な労働者として滞在するしかない資格も多い。中国朝鮮族の韓国への逆移住現象のなかで、彼らはまさに韓国と中国の間での立ち位置を模索する段階にある。

【関連研究】

(1)李雪蓮・朴紅・坂下明彦「中国東北地方における朝鮮族出稼ぎによる集落の農地移動調整」『フロンティア農業経済研究』19巻1号、2016
(2)李雪蓮・朴紅・坂下明彦「韓国における労働力不足問題と外国人労働力の受入政策の展開―中国朝鮮族出稼ぎ労働者の就業を中心に―」『農経論叢』72集、2018

第4部　東アジアにおける協同組織の展開

Ⅰ　養豚経営協同組織化の日韓比較

申《シン》錬《ドン》鐵《チョル》

近年、外部からの農産物市場開放への圧力、内部での農業人口の減少および高齢化等担い手問題の深刻化の中で、日本の農業経営においても企業化の動きが登場している。こうした企業化の動きに家族経営はどう対応しているのか、さらに家族経営そのものはどう対応しているのか、について考えてみたい。同様のテーマでは採卵養鶏業について取り上げられているが、ここでは養豚業を対象とし、母国の韓国との比較分析を行ってみたい。

1　養豚経営の企業化と農協

まず、北海道を中心に養豚経営の企業化の様相を統計から把握したうえで、ホクレンの養豚経営支援事業についてみることにする。

統計からみる北海道養豚経営の企業化

近代化農政の下で専業化と規模拡大を進めてきた養豚経営は、全国の飼養戸数で１９６０年の80万戸から２０１６年の５千戸へと極端に減少している。これに対し、総飼養頭数は１９６０年の２００万頭から１９８９年に１、２００万頭に増加した後、減少に転じ２０１６年には９００万頭となっている。１戸当たり飼養頭数は１９６０年の２・４頭から２０１６年のおよそ２、０００頭に増加している（**図４・１**）。

北海道についても、豚飼養戸数は１９６０年の３万７千戸から２０１６年にはわずか２２２戸に減少している。総飼養頭数は１９６０年の10万頭から１９８８年には67万頭に増加したが、その後増減を繰り返しながら２０１６年には60万頭となっている。１戸当たり飼養頭数は１９６０年の２・６頭から２０１６年の２、７００頭に増加しており、全国より早いスピードで大規模化が進んでいる。

また、養豚経営の主体はかつては農家であったが、１９９

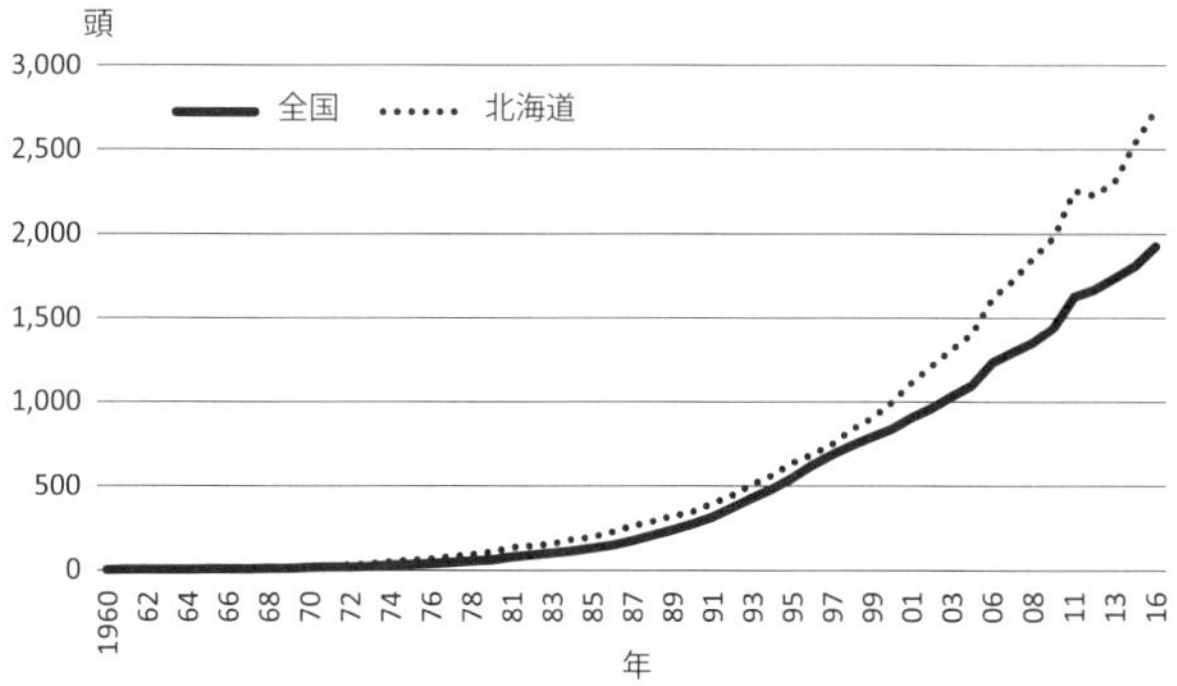

図4・1　１戸当たり豚飼養頭数の推移（全国と北海道）

注）『畜産統計』各年度により作成。

２年には北海道の飼養農家１，３４０戸のうち、農家は１，２４０戸、92・５％と依然多数派であったが、飼養頭数では30万頭、50・１％となり、わずか80社の会社経営が、29万頭、47・６％のシェアーを持つに至っている（**図４・２**）。こうした傾向はさらに強まり、２０１６年の飼養戸数２２２戸のうち、農家は73戸（32・８％）、会社は１３６社（61・２％）となり、農家の飼養頭数は６万頭に過ぎず、会社経営が54万頭、90％を占めるに至っている。

会社経営の系譜では、農家が規模拡大して法人化したものと、養豚関連の商社の参入したものが混在している。

ホクレンによる養豚経営の支援

北海道における企業的養豚経営のうち、農家が規模拡大を行って設立されたものは、行政やホクレンを中心とした農業団体による支援を得て、存続、企業化を図ることができたといえる。そこで、肉豚の生産、加工、販売全般に

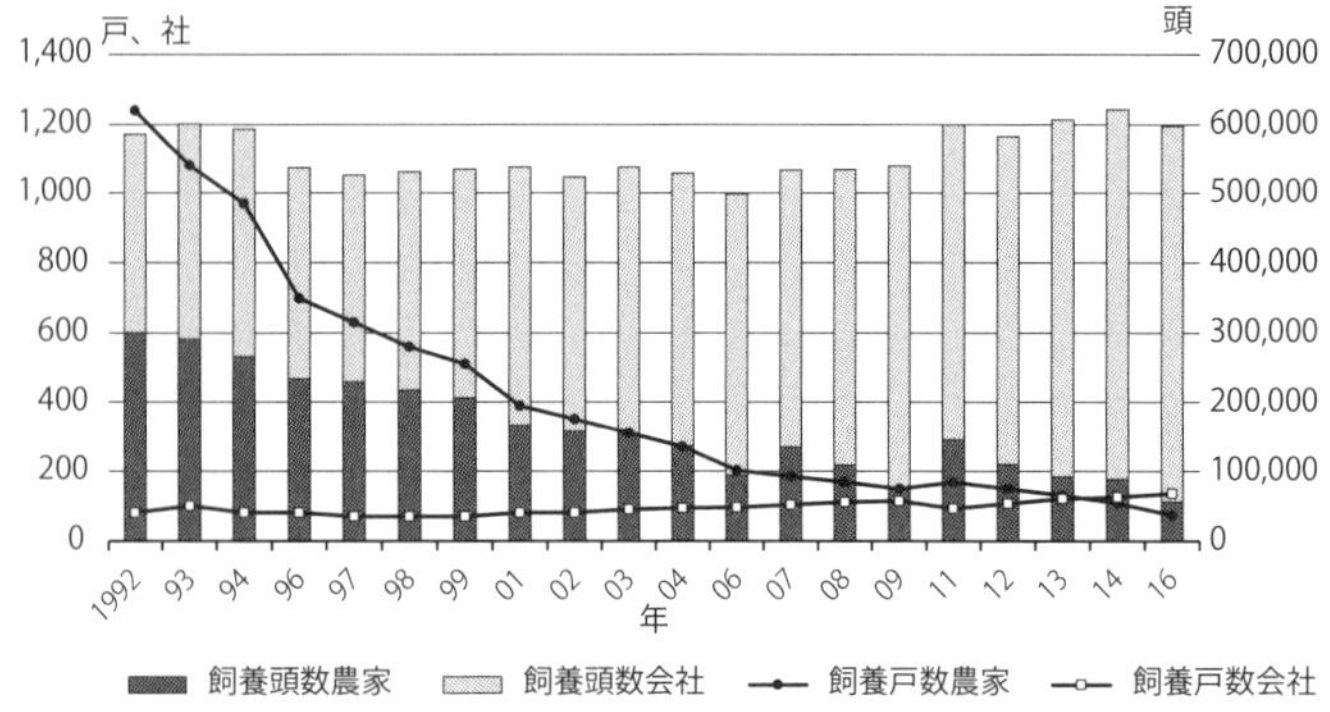

図4・2　経営形態別豚飼養戸数と飼養頭数の推移（北海道）

注１）『畜産統計』各年度により作成。
２）経営組織の項目は『畜産統計』の規定に従う。
３）協業経営とその他（農畜協等の経営）は省略する。

わたりトータルな支援事業を行ってきたホクレンに注目し、特に、肉豚生産に関する種豚部門、飼料部門、技術指導部門での取組みについてみていく（**表４・１**）。

まず、種豚部門である。ホクレンは１９６３年の訓子府町の種豚センターをはじめとして、道内各地に種豚センターを設立して、養豚経営への種豚の安定的供給を図り、肉豚の安定生産に取り組んできた。

その後、ハイコープ豚

表4･1　肉豚生産に係るホクレンの取り組み

部門	年度	取り組みの内容
種豚部門	1963年	訓子府町に種豚センター設立
	1966年	種豚改良センターとしての体制確立（海外及び国内養豚先進地からの原種豚導入）
	1967年	道南種豚センター吸収（年間種豚供給規模：400頭）
	1969年	門別種豚センター引き受け（年間種豚供給規模：800頭）
	1973年	門別種豚センターを門別農協に移管
	1975年	道南種豚センター閉鎖
	1976年	肉豚生産安定事業実施
	1984年	ハイコープ豚生産事業を実施
	1984年	ランドレース種（L）の系統豚「クニエル」のGP農場を設置
	1987年	デュロック種（D）の系統豚「サクラ201」のGP農場を設置
	1989年	大ヨークシャー種（W）の系統豚「ハマナスW１」のGP農場を設置
	1991年	滝川市にスワイン・ステーションを設置（原々種豚：31頭、原種豚：70頭、F1母豚：300頭）
	1994年	スワイン・ステーションのSPF豚認定
	2008年	大ヨークシャー種（W）の「ハマナスW2」を新たな系統豚として導入
飼料部門	1965年	国鉄貨車利用による飼料バラ輸送導入
	1965年	釧路市に飼料工場建設
	1967年	飼料取扱５ヵ年計画を設定
	1968年	配合飼料価格補てん事業実施
	1968年	旭川市に飼料工場建設
	1969年	苫小牧市に飼料工場建設
	1975年	芽室町に飼料工場建設
	1981年	加工豚専用飼料を開発
	1983年	高品質豚肉生産専用飼料「ピグハイグレード」と高品質離乳後期飼料「ピグパワーA」を開発
	1984年	種豚用飼料の体系を改善した「ハイブリード72」と「ハイブリード76」を製品化
	1986年	系統造成豚専用飼料「ハイコープB・C」を供給
技術指導部門	不明	技術指導員の農場訪問による豚及び施設の点検と生産成績及び飼料要求率の確認
	不明	豚肉改善情報システムを開発

注）申錬鐵・正木卓「北海道における養豚経営の展開とホクレンの経営支援事業」より再作成。

の生産と系統豚の造成・導入等を通じて農協系統の銘柄豚の生産・普及を展開してきた。そして１９９２年に設置したスワイン・ステーションの原々種豚・原種豚・Ｆ１母豚のＳＰＦ豚認定を推進することで、品質改良および特定の病気がない健康な肉豚生産を支えている。こうした支援により、子豚の総産子数と正常産子数の増加がもたらされ、肉豚生産に係わる繁殖―離乳―肥育を行う一貫経営を増加させ、養豚経営の経営安定化および規模拡大、専業的養豚経営の創出に大きな影響を与えたのである。

次に、飼料部門である。１９６５年に鉄道を利用して飼料バラ輸送を導入したホクレンは、その後北海道内各地に飼料工場を建設し、養豚経営に安定供給を行ってきた。また、肉豚の飼養段階別や飼養目的に合わせた飼料供給や系統造成豚専用の飼料を開発・製品化することで肉豚の増体率の改善と品質向上を図っている。さらに、飼料原料価格の上昇にともなう飼料価格の高騰による養豚経営の負担を軽減させるため、配合飼料価格安定制度を行っている。配合飼料価格の上昇が畜産経営に及ぼす影響を緩和する取り組みとして評価できる。

技術指導部門は、技術指導員の農場訪問による豚および施設の点検と生産成績及び飼料要求率の確認、豚肉改善情報システムの開発が主たる取組みである。ただし、技術指導員による技術指導は豚飼養戸数の減少により、現在外部化している。

そのほかに、ホクレンは１９８５年に系統畜産団地振興制度下で、養豚団地造成事業を展開している。これは畜種別に生産から販売までの総合機能を確立し、畜産農家の経営安定と系統販売力の強化を目指すものであった。これは養鶏団地と同様に解体したが、ホクレンはこの事業を通じて、養豚経営に以上の3部門で展開している取組みを総合的に実施し、養豚経営のさらなる経営安定を図っていたと考えられる。

　養豚団地の解体以降、農家出自の養豚企業と農協との関係はホクレンとの直接的な関係へと変化したが、種豚、飼料供給部門では依然として重要な役割を果たしている。

2　専門農協的な生産者出資型インテグレーションの展開

　ここでは、養豚経営者自らが専門農協的な協同組織化を進め、合わせて全国的に養豚経営支援事業を展開している事例に注目し、その実態を紹介したい。

　1970年代に入り、養豚業界では商社や飼料メーカーによるインテグレーションや農協による養豚団地の育成など様々なかたちの養豚経営の組織化が動き出した。この中で、インテグレーターによる養豚経営の包摂や資金支援の不足などの問題が現れ、これに対抗して全国養豚経営者会議を中心とする飼料配合運動が全国的に進展した。これを契機に養豚経営者自らが組織化をめざす生産者出資型インテグレーションが進展を見せる。その一つが紹介する（株）グローバルピッグファーム（以下、ＧＰＦ社）である。

ＧＰＦ社の概要

ＧＰＦ社は群馬県渋川市に本部をもつ養豚農家のグループ企業であり、資本金１億８千万円、売上高３３１億６千万円（２０１６年）、従業員１４０名の株式会社である。現在の銘柄「和豚もちぶた」の基礎豚を米国から導入した赤地養豚（株）を中心に、１９８３年に自家配合飼料推進運動に取り組んでいた全国53の養豚経営が出資して設立されたものである。

創業以来の出荷頭数の足取りを見ると、１９９３年の３万頭から始まり、93年に20万頭、２０００年に30万頭、２００６年に40万頭、２００９年に50万頭を越えて、現在52万頭に至っている。売上高では、１９９５年に１００億円、２００６年に２００億円を超え、２０１５年には３００億円を越えるという成長を示している。

現在では北海道から九州までの14道県に立地する79養豚農場（77経営）が本部と８つの「ファームサービス」（地域の拠点組織）を介して生産から販売までのサービスを受けている（**表４・２**）。会社の直営部門としては、２つの種豚供給農場と食肉加工工場、直売店を兼ねるハム工房があり、他に２つの直営養豚農場がある。

事業は育種と種豚供給、飼料設計と飼料の共同購入、生産および財務管理支援（農場コンサルティング）、一元出荷販売などである。グループ全体で一貫したシステムにより技術革新を進めており、一養豚経営の規模は小さくとも協同の精神・協業の力を結集し、大企業や国外をも交えた市場の中で生き残れる組織づくりを実践している。

このため、メンバーは家族経営中心の養豚経営であり、①法人であること、②生産および財務データを全てGPF社に提出すること、③同じ種豚を使用すること、④同じ飼料を使用すること、⑤出荷肉豚はGPF社に一元出荷すること、を出資者の条件としている。会社法の改正により定款主義が採用される時代となっており、株式会社ではあるが専門農協的な姿勢を貫いている。資本金から見ても、払込済み株式の80％を養豚経営者が所有しており、また役員9名のうち養豚経営者が7名となっている。

構成員の母豚飼養頭数は2万3、885頭、肥育豚は52万2、669頭である（2013年）。母豚飼養規模別の農場数をみると、母豚200頭以上の農場数の合計は47農場で59・5％、母豚300頭以上では23農場、29・2％となり規模拡大は進んでいるが、200頭未満の農場も32農場あり、家族経営中心の構成を保っているといえる。

表4・2　GPF社の概要

区分		内訳
所属養豚経営		77経営
総飼養頭数	母豚	23,885頭
	肥育豚	253,782頭
肉豚出荷頭数		522,669頭
母豚飼養規模別農場数	合計	79農場
	100頭未満	10農場
	100頭～199頭	22農場
	200頭～299頭	24農場
	300頭～499頭	13農場
	500頭以上	10農場

注1）申錬鐵『養豚経営の展開と生産者出資型インテグレーション』より引用。
2）2013年2月28日時点のデータである。
3）肉豚には子豚と離乳豚が含まれている。

養豚経営安定化のための事業展開

GPF社の事業担当部署と関連会社を**図4・3**に示した。主な事業は、独自の飼料設計とその供給、肉豚の生産性と肉質向上のための育種プログラムの開発、種豚の導入と出荷、肉豚の出荷、経営分析と財務分析を含めた農場コンサルティングからなっている。

GPF社を構成する養豚経営は「ファームサービス」という地域組織に所属しており、GPF社からの直接、またはファームサービスを通じて多様な支援を受けている。現在、GPF社には8つのファームサービスが存在し、多くは法人格を有しており、主に飼料共同購入と種豚供給の連絡、肉豚の共同出荷等を行っている。

ファームサービスの事業の中で特徴的なのは飼料共同購入である。ファームサービスはGPF社からの飼料設計書をもとに、輸送費の節減およびリスク低減を図るため、複数の飼料工場と委託契約を結び、飼料を所属養豚経営に供給している。この契約内容はGPF社内で公開されており、他のファームサービスの飼料調達契約の参考にされている。さらに一部のファームサービスでは飼料輸送費用をプールして飼

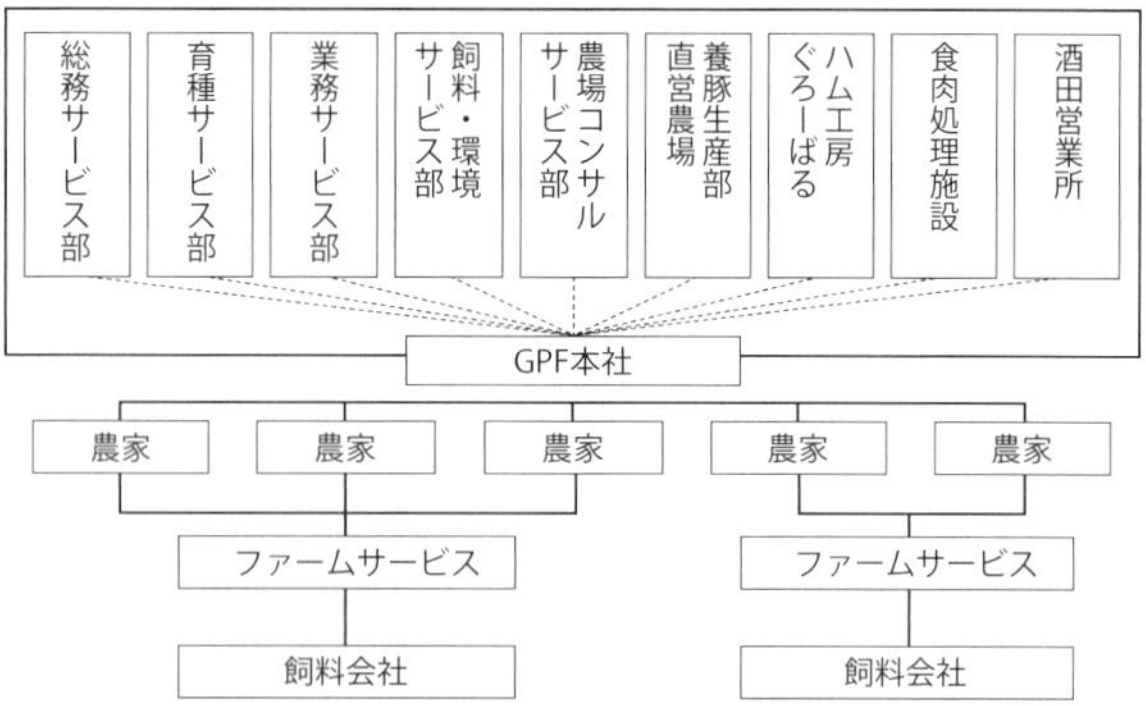

図4・3　GPF社の組織構成

注）申錬鐵『養豚経営の展開と生産者出資型インテグレーション』より引用。

料単価を設定し、協同意識を醸成している。

一般に養豚経営のコンサルティングは飼料メーカーや専門コンサルタントが担当する場合が多いが、ＧＰＦ社の農場コンサルティングは獣医師が担当している点が際立っている。獣医師が専門分野である豚の衛生管理や防疫体系の構築に加え、生産性を高めるための経営分析と収益性の向上を図るための財務分析を総合的に実施しているわけである。また、財務分析の一種である財務シミュレーションは規模拡大の妥当性を検討する基礎資料として活用されており、資金調達においてもこれが金融機関の審査の際の判断材料として高く評価されている。このようにＧＰＦ社は高い水準の農場コンサルティングを提供し、養豚経営の経営安定に取り組んでいる。

豚肉のフードチェーンの構築

ＧＰＦ社は契約、委託、所有のかたちで肉豚の屠畜、食肉処理、流通、販売部門に取組み、**図４・４**のような豚肉のフードチェーンを構築している。養豚経営は定期的に出荷予定の肉豚頭数をＧＰＦ社に伝える。ＧＰＦ社は全国から集まった出荷予定肉豚頭数をもとに、流通業者等の出荷先と協議を行う。その結果と輸送距離や屠畜場の受容能力を勘案して出荷先と出荷頭数を決定し、養豚経営およびファームサービスに連絡する。出荷された肉豚は主に５つの食肉センターで屠畜され、食肉処理施設でカット肉に加工され、ＧＰＦ社の直売店や流通業者、Ａコープ等を通して最終販売に至っている。

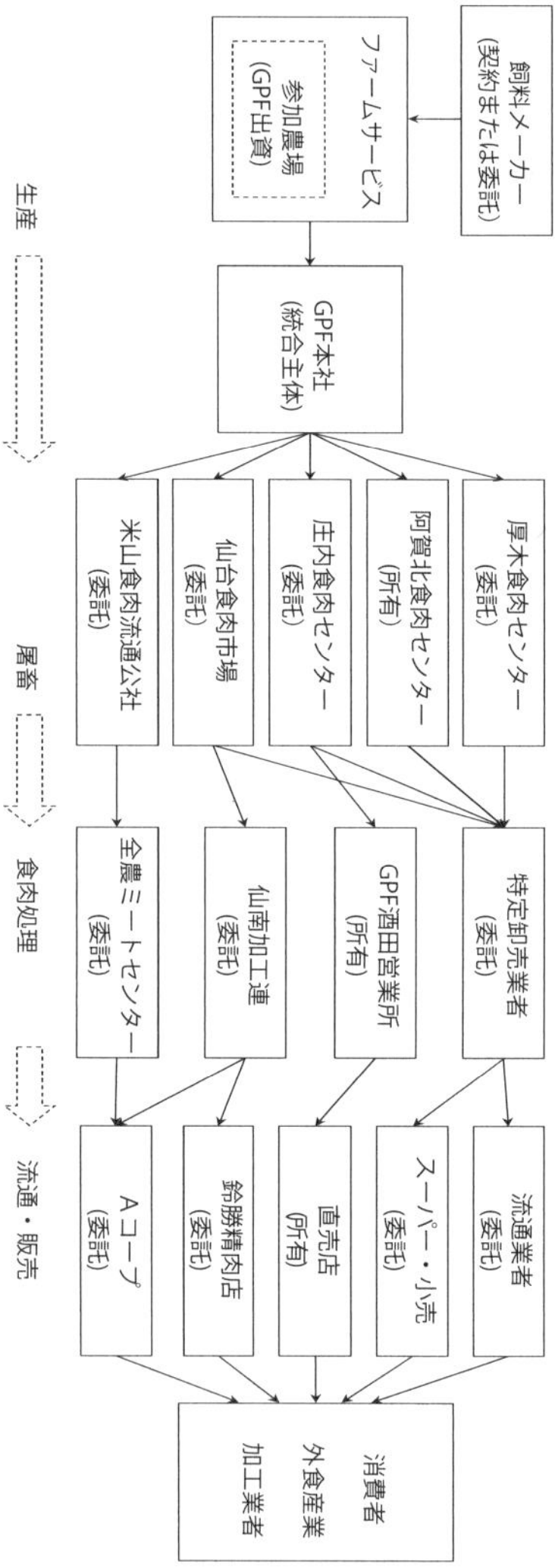

図4・4　GPF社による肉豚のフードチェーン

注）聞き取り調査により作成。

契約と委託を中心にフードチェーンを構築していたＧＰＦ社は、２０１２年に食肉処理の自賄い化を目指し、子会社の「しばたパッカーズ株式会社」（新潟県新発田市）を設立した。これにより、ＧＰＦ社の屠畜を担当していた阿賀北食肉センターの事業を継承して食肉センター事業を開始している。さらに、２０１５年のカット肉工場の完成により加工販売を開始し、自社の肉豚出荷頭数の40％に当たる20万頭超をカット肉として販売する予定となっている。

3　韓国における養豚専門農協の事業展開

養豚経営は、急速に規模拡大を達成することにより企業的経営の段階に達している。しかし、特に飼料供給面を中心にインテグレーションのもとに置かれており、経営の自立化のために養豚農家が会社を設立して専門農協的な展開を図るケースが現れている。ここでは、日本と同様に規模拡大が進行している韓国の養豚経営を取り上げ、そこでの専門農協の役割を明らかにする。

韓国では園芸、花卉、養豚、酪農、高麗人参等の特定の農産物の生産・流通を担当する専門農協が存立しており、農協中央会（1段階の総合連合会）の会員資格を有している。日本との対比では、専門農協の事業範囲が道（日本の県に相当）を超えることが可能であること、２０００年以前設立の専門農協に限り信用事業を行うことができることが特徴である。

したがって、韓国の養豚専門農協は全国を範囲に養豚経営に対する信用事業を含む総合的な経営支援事業が可能となっている。事業は営農指導にとどまらず、飼料その他の生産資材供給と融資、屠畜、流通、加工、販売等に及んでいる。取り上げる事例は、全国を事業範囲とするドドゥラム養豚農協である。

韓国でも進む養豚経営の規模拡大

韓国の養豚経営は、１９８２年の「所得増大戦略開発計画」の対象品目に選定されたことにより、専業化と規模拡大の動きが加速化したといってよい。それは30年前（１９８３年）と現在（２０１４年）の数字を比較すると明瞭である（**表４・３**）。豚の飼養戸数はこの期間に53万戸から５千戸にまで90％の減少を示すが、豚の飼養頭数は３６４万頭から１千万頭へと３倍に増加している。この結果、１戸平均の豚飼養頭数は副業的水準である７頭から企業的水準であるおよそ２、０００頭へと大幅に増加を見せている。

飼養規模をみても、30年前には１、０００頭未満層がほとんどを占め、総飼養頭数の88％を占めていた。しかし、現在この層は２千戸にまで減少し（全体の44％）、飼養頭数割合も10％に急減している。これに対し、１、０００～５、０００頭規模層は、２０００年頃に１、０００未満層を追い抜き、現在54％を占めている。この層の平均規模は２０００年頃の１、７００頭から現在の２、２００頭に増加している。さらに５、０００頭以上層も２００６年には１、０００頭未満層を追い抜き、現在の飼養頭数割合は36％にまで高まっており、１経営当たり飼養規模も１万頭となっている。これら最上層は、

表４・３　規模別豚飼養戸数と飼養頭数の推移（韓国）

（単位：戸、頭）

年度	合計		1,000頭未満		1,000頭～5,000頭		5,000頭以上	
	飼養戸数	飼養頭数	飼養戸数	飼養頭数	飼養戸数	飼養頭数	飼養戸数	飼養頭数
1983年	539,403	3,648,965	539,280	3,215,574	99	205,768	24	227,623
1986年	262,403	3,347,350	262,174	2,579,761	190	375,090	39	392,499
1991年	129,466	5,046,029	129,015	3,892,172	409	758,867	42	394,990
1996年	33,276	6,515,773	31,978	3,733,615	1,231	2,079,719	67	704,439
2001年	19,531	8,719,851	16,798	2,889,677	2,588	4,511,772	145	1,318,402
2006年	11,309	9,382,039	8,221	1,879,338	2,858	5,406,129	230	2,096,572
2011年	6,347	8,170,979	3,708	1,015,727	2,386	4,833,475	253	2,321,777
2012年	6,040	9,915,935	3,080	1,121,291	2,624	5,516,852	336	3,277,792
2013年	5,636	9,912,204	2,684	973,123	2,602	5,504,409	350	3,434,672
2014年	5,177	10,090,286	2,297	965,204	2,505	5,448,813	375	3,676,269

注）統計庁『家畜動向調査』により作成。

ハム会社など農外からの参入企業であり、家族経営とは系譜を異にする。

このように韓国の養豚経営でも日本のような養豚経営の専業化と規模拡大が進展されているが、飼料メーカーを通じて飼料調達と肉豚出荷を行っている養豚経営が多い。とくに、飼料メーカーは資金力の小さい小規模家族養豚経営に対し利子付きの売掛で飼料を供給している。この点が家族養豚経営の経営悪化の一要因となっている。このなかで、飼料メーカーの支配から独立し、家族養豚経営の経営安定を目指すために養豚専門農協が設立されており、事例とするドドゥラム養豚農協もその一つである。

ドドゥラム養豚農協の設立と事業の広域・総合化

ドドゥラム養豚組合は、1990年に京畿道利川市で養豚経営13戸によって設立された利川養豚組合がその前身である。1992年には本体を株式会社ドドゥラム（利川市の山の名前に由来）に変更し、飼料の配合・供給のために（株）ドドゥラム飼料を、豚肉の流通と販売のために（株）ドドゥラム流通を設立して事業基盤の整備を行った。

しかし、1996年には養豚経営の安定化を図るために再び企業形態を協同組合に変更し、ドドゥラム養豚組合となっている。その後、飼料原料の円滑な調達と組合員の権益保護のために2000年に農協中央会に加入し、名称もドドゥラム養豚農協（以下ドドゥラムと略す）に変更している。

ドドゥラムは2014年現在、全国の598名の組合員が59万頭の肉豚を出荷している（図4・5）。

総飼養頭数は１６０万頭であり、１戸当たりは２,６３４頭である。先の飼養規模別階層では１,０００～５,０００頭層に当る中規模経営の集まりである。

２０００年に中央会に加入して以降、組織・事業での拡大が行われている。第一は、農協中央会の要請により、２００３年に事業不振に陥っていた全北養豚農協と光州・全南養豚農協の２農協を吸収合併したことである。これにより、従来の京畿道中心から全羅南北道を組織範囲とし、現在では７道に組合員を擁している。また、ドドゥラムの農協への転換が２０００年のため信用事業を実施できなかったが、この合併により可能となった。

第二は、京畿道の安城畜産振興公社の加工事業を引き継いだことである。これにより、ドドゥラムは２００５年にドドゥラムＬＰＣ公社を設立し、屠畜・加工分野に取り組むことになった。屠畜場の利用事業では、屠畜経費の削減と屠畜規格の統一、カット肉による販売を行うようになり、消費者からの

図4・5　ドドゥラム養豚協同組合の組合員数

注）ドドゥラム養豚協同組合の聞き取り調査により作成。

ニーズに迅速に対応できるようになった。さらに、豚の副産物の加工を行うドドゥラムFCと自社ブランドである「ドドゥラムポーク」の販路多角化のためのドドゥラムフードシステムという2つの専門子会社を設立し、豚肉の加工・流通・販売部門への取組みを強化・拡大させている。

組合員の経営安定のため事業展開

ドドゥラムの事業運営は総会・理事会・分科委員会によって決定されるが、各部門については子会社化することで迅速かつ柔軟な運営を行っている。それを示したのが**図4・6**である。営農指導部門については「ドドゥラム養豚サービス」、飼料供給については「DSフィード」、獣医部門については「ドドゥラム動物病院」が設立されており、組合員への生産に関わるサービスが行われている。出荷された肉豚は先に述べた「ドドゥラムLPC公社」により屠殺と加工肉処理が行われ、ブランド肉（ドドゥラムポーク）は「ドドゥラム

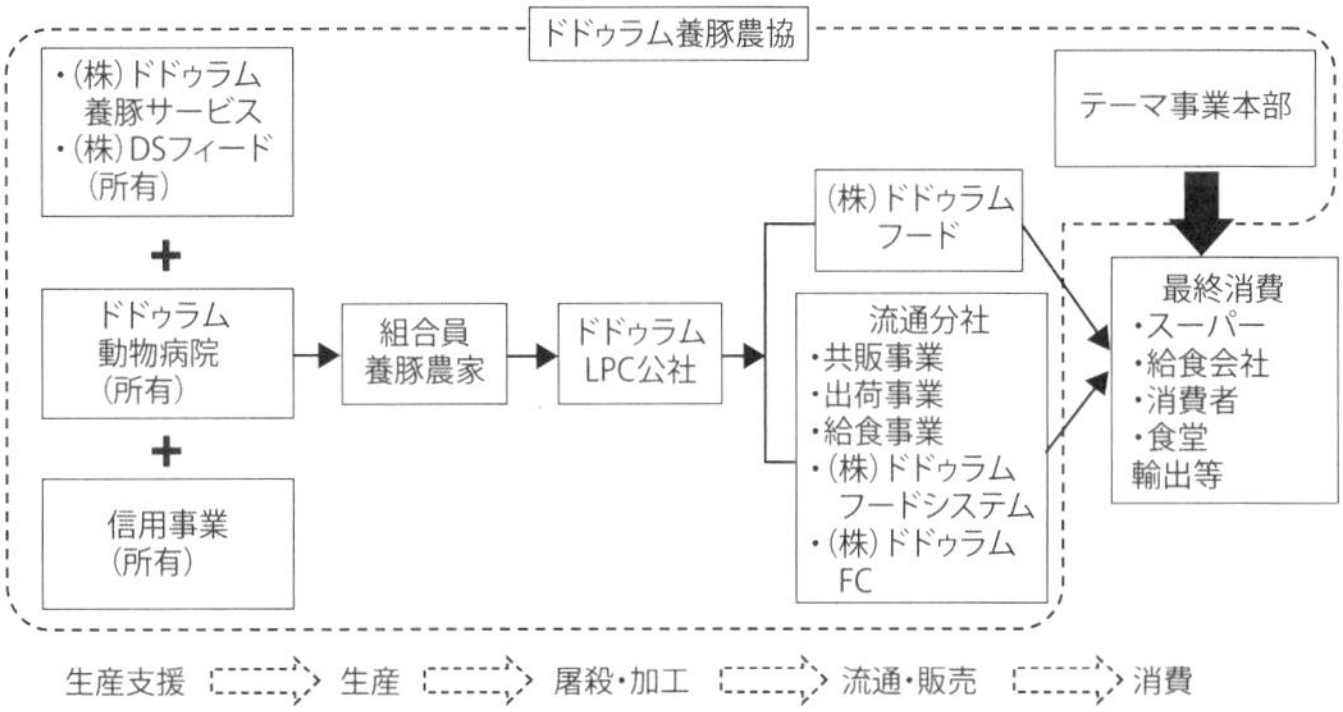

図4・6　ドドゥラム養豚協同組合の事業構造

注1）ドドゥラム養豚協同組合の聞き取り調査により作成。
　2）簡略化のため一部の事業を省略した。

フードシステム」によって、枝肉については本体の流通本部によって販売が行われている。なお、この販売本部と農家への融資も行う信用部門は常任理事制をとっている。

紙幅の関係で解説は省くが、各子会社と流通本部、信用部門の実績を示したのが**表４・４**である。韓国の養豚専門農協では最も高い実績を示している。

ドドゥラムは信用事業を地域の実情に合わせて行っている。組合員が多数存在する利川本店と全州及び光州支店では組合員中心の営業を、その他の信用店舗では一般顧客中心の営業を行っている。

信用事業は、資金供給を通じて組合員の他に「ドドゥラムフードシステム」の加盟店への支援も行っている。つまり、組合員にとっては安定的に生産に専念できる体制、加盟店にとっては担当部門で安定的に業務を行える体制である。むろん余裕金については投資会社などへの貸し付けを行っている。

表４・４　ドドゥラム養豚農協の事業別実績

部門	事業内容		実績
信用部門	預り金		4,987 億ウォン
	貸付金		3,476 億ウォン
	経常損益		32 億ウォン
流通本部	共販部門	牛	59,070 頭
		豚	117,963 頭
	出荷部門	豚	867,000 頭
	テーマ事業	売上高	107 億ウォン
動物病院	動物薬品		98 億ウォン
	飼料副原料		
ドドゥラムフード	豚の加工		496,526 頭
	売上高		2,444 億ウォン
ドドゥラム養豚サービス	飼料販売量		436,850 トン
	AI 販売量		205,600 個
DS フィード	飼料生産量		171,771 トン
	経常利益		7 億ウォン
ドドゥラム LPC 公社	屠畜	牛	72,476 頭
		豚	624,378 頭
ドドゥラム FC	加盟店数		62 店舗
	売上高		106 億ウォン
ドドゥラムフードシステム	売上高		177 億ウォン

注）ドドゥラム養豚協同組合『2016年度ドドゥラム養豚農協現況』により作成。

しかし、ドドゥラムは信用事業の量的拡大を通じた経営支援事業を展開することを目指していない。信用事業はあくまでも経営支援事業を補助する手段としての位置づけであり、持続的な発展のためには経済事業を中心とした事業推進を行うとしている。

テーマ事業による消費者の意識改革への取組み

ドドゥラムは豚肉と関連する新しい文化の伝達を通じて豚肉への親近感を醸成し、肉加工体験を通じて人気のない部位の消費促進を図るためテーマ事業を実施している。そのため、２００８年からはドドゥラム本部の敷地内にテーマパークの設置を開始した。まず、自己資金10億ウォンと政府補助12億ウォンにより「ドドゥラムバーベキューハウス」と「ドドゥラムハナロマート」を設置し、２０１０年には肉加工の「体験スクール」と「豚文化体験館」を新設し、豚肉に対する情報発信や豚のイメージアップに取組んでいる。さらに、２０１３年には各施設の増築を行い、２０１４年にはドドゥラムテーマパークを完成させている。

この取組みは消費者の豚と養豚産業に対する理解を向上させ、消費促進をはかることで組合員の経営安定に結びつけることが目的である。テーマパークへの取り組みは、ドドゥラムの経営理念や養豚経営への支援内容を消費者に発信する役割を果している。これがドドゥラムの認知度上昇に寄与しており、地域内複合文化空間としても位置づけられている。

ドドゥラムは農協として飼料・種豚・飼養管理・加工を統合する仕組みを構築し、「ドドゥラムポーク」という豚肉ブランドの形成により豚肉の付加価値創出を図っている。それは生産から加工販売に至る過程を統合したインテグレーションであり、それによって各部門に要する流通費用の節減をもたらし、豚肉のブランド化とともにドドゥラムの経営支援事業の効果をより高め、組合員の経営安定に繋がっているのである。

【関連研究】

(1)申錬鐵・柳村俊介「日本の養豚経営における生産者出資型インテグレーションの形成と課題―グローバルピッグファームの事例分析を中心に―」『農経論叢』、第68集、２０１３

(2)申錬鐵・柳村俊介・宮田剛志「稲作地帯における大規模養豚経営の展開―グローバルピッグファームと東北畜研を事例に―」『農経論叢』、第69集、２０１４

(3)申錬鐵・柳村俊介「養豚経営者運動と生産者出資型インテグレーション―東北畜研の展開」『農業経営研究』第52巻第3号、２０１４

(4)申錬鐵・正木卓「北海道における養豚経営の展開とホクレンの経営支援事業」『農経論叢』第70集、２０１５

(5)申錬鐵・正木卓「韓国の養豚部門における農協の経済事業活性化戦略とその実態に関する研究」『協同組合奨励研究報告』、第42輯、２０１５

(6)申錬鐵『養豚経営の展開と生産者出資型インテグレーション』農林統計出版、２０１７

II　ＦＴＡに対抗する韓国の広域販売農協連の展開

黄盛壹《ファンソンイル》・坂下明彦

韓国では多国間ＦＴＡ推進の中で、国内農業の強化策が打ち出されている。２０１１年に行われた農協改革もその一環であり、農協中央会（ＮＡＣＦ：全国・道・市郡の内部３段階をもつ総合連合会）の再編が行われた。中央会ＮＡＣＦには教育機能を残し、金融持株会社（傘下に銀行・生保・損保の３株式子会社）と経済持株会社を新たに設立した。前者は韓米ＦＴＡを背景とする側面を持つが、改革論議の中心は営農指導・販売事業の強化にあり、営農部門への巨額な財政的支援策も実施されている。日本とは全く違い、農協をより強化するという姿勢が貫かれている。特に、地域農協（これは日本の農水省も使い始めたが、本来は韓国の名称である）の青果物販売の限界を広域連の形成によって突破しようという試みが行われている。

1　農協連合会の再編と広域販売連の設立

多国間ＦＴＡのもとでの農協強化策

韓国においては、１９９０年代半ば以降、量販店の拡大に対応した農産物流通の再編とガット・ウルグアイラウンド対策としての産地強化が軌を一にして進行した。後者では、初めて補助金政策がとられており、農業経営の規模拡大のための大型農業機械の導入や農地の売買・賃貸借に対する助成が行われるようになった。流通対策としては、すべて農協を対象としたものではないが、産地拠点組織としてコメのＲＰＣ（米穀総合処理施設）、青果物のＡＰＣ（農産物加工施設、日本の集出荷施設にあたるため、以下この表記とする）の設置が大々的に行われた。これによって産地の大型化・ブランド化が目指されたのである。

しかし、本論が対象とする農協の青果物販売は１９７０年代から農協管内の地区別に設置された作目班による共同出荷が基本形態であり、規格統一されたものとは言えず、卸売市場までの「共同輸送」のレベルにとどまっていた。これを一気に機械選別による共販体制に持って行くといっても、農家には共撰によるメリットが理解されておらず、共選料が付加される集出荷施設への集荷には大きな困難が存在した。農協の販売体制も不十分であったが、何よりも農家を組織化して産地としてのまとまりを形成することには時間を要することになった。その結果、集出荷施設の集荷率が上がらず、稼働率問題が発生したのである。UR対策が前例のない補助金を手法とした政策であったため、施設投資が膨大な赤字を生んだことが政策評価に直結した。

この問題を解消し、産地強化を図る方策として登場したのが、農協間協同にもとづく産地の広域化と既存施設の高度活用により販売事業を強化するという「連合マーケティング」事業である。2001年から開始されたものであり、農協中央会の市郡支部あるいは道レベルの地域本部による事業である。この事業により設けられたのが連合事業団であり、イニシャティブはあくまで農協中央会にあった。

これをより自立性の高い連合販売事業組織として法人化しようという試みが、2004年の農協法改正により設けられた組合共同事業法人である。連合マーケティング事業の第二のタイプである。ただしこれは、一部の品目についての事業共同である。この法人の販売実績が現れるのは2009年のことであり、設立から10年に満たない存在であるが、すでに47組織と連合事業団の59組織に迫っており、販売取扱高では連合事業団を上回っている。

北海道においても、広域産地形成のための農協間連携や広域連合会の設立が見られたが、十勝地域などを除くと農協合併の進展により議論そのものが成り立たなくなった。全国的には広域合併農協の作目別生産部会の統合問題が焦点となった。それに対し、韓国においては様々な要因により農協合併は進展しておらず、川下の量販店や外食産業の力が強まる中で、それに対応した広域的な産地形成が大きな課題となっているのである。その場合、農協中央会が主導するいわば上からの広域産地化の方式と農協間の協同による下からの広域産地化のどちらの形態が韓国において適合的なのかが、大きな問題になっている。

連合事業団は産地の広域化を図るというよりは参加単位農協の集出荷施設で機械共選されたものを一括して販売する点に重点があり、施設導入のための補助金目当ての形式的な事業もみられた。組合共同事業法人は新たな販売組織を立ちあげて広域的な産地形成をベースとした販売を行う連合会の形成であり、北海道における過去の広域販売連と同一の機能をめざすものであった。ただし、ここでも品目は限られており、全面的な連合会出荷体制の形成には遠く及ばないものである。

広域連の生成による農協の販売事業の伸長

韓国の地域農協は1970年代前半に現在の邑面（日本の町村に相当）を範囲に里（集落）レベルの農協が合併したものであり、相互金融事業（貯金と貸付）も開始し、以降信用事業を中心に事業を拡大してきた。販売に関しては、統制経済が段階的に解除されるのに伴い徐々に事業取扱額を伸ばしたが、農家の生産・出荷額に対するシェアーは高くなかった。

表4・5　地域農協の販売実績

単位：億ウォン

作目	1980年	1985年	1990年	1995年	2000年	2005年	2010年	2014年
穀物	1,278	4,054	9,352	31,629	43,917	49,794	46,611	55,091
果実類	835	1,792	6,442	11,257	17,011	31,921	48,630	62,950
野菜類	1,125	2,595	7,265	18,769	28,603	29,300	33,349	36,844
畜産物	1,751	1,942	3,952	4,568	10,854	19,110	18,633	23,578
その他	1,937	828	3,065	5,331	10,868	20,474	37,584	38,177
合計	6,927	11,209	30,076	71,554	111,253	150,599	184,807	216,640

注）韓国農協中央会『農協要覧』（各年度）により作成。

表４・５は１９８０年以降の作目ごとの販売額を示している。１９８０年代の販売額は少なかったが、１９９０年代には増加を見せ、総額では１９９０年の３兆ウォンから２０００年の11兆ウォンに増加する。内容的には、食糧管理制度のもとでの米穀の取扱いの伸びが大きく寄与している。また、野菜類についても２０００年には穀物の４兆４千億ウォンに次ぐ２兆９千億ウォンとなっている。２０００年代に入ると、全体として販売額の伸びは鈍化するが、そのなかで果実が大きな伸びを示している。２０１４年時点での総販売高は21兆７千億ウォンであり、果実が６兆３千億ウォン、穀物が５兆５千億ウォン、野菜類が３兆７千億ウォンの順となっている（韓国の通貨１ウォンはおよそ０・１円である）。

　このうち、青果部門（野菜と果実）について、２０１５年における農協系統の販売実績を示したのが**図４・７**である。青果物の総生産額は18兆ウォン強で市場出荷

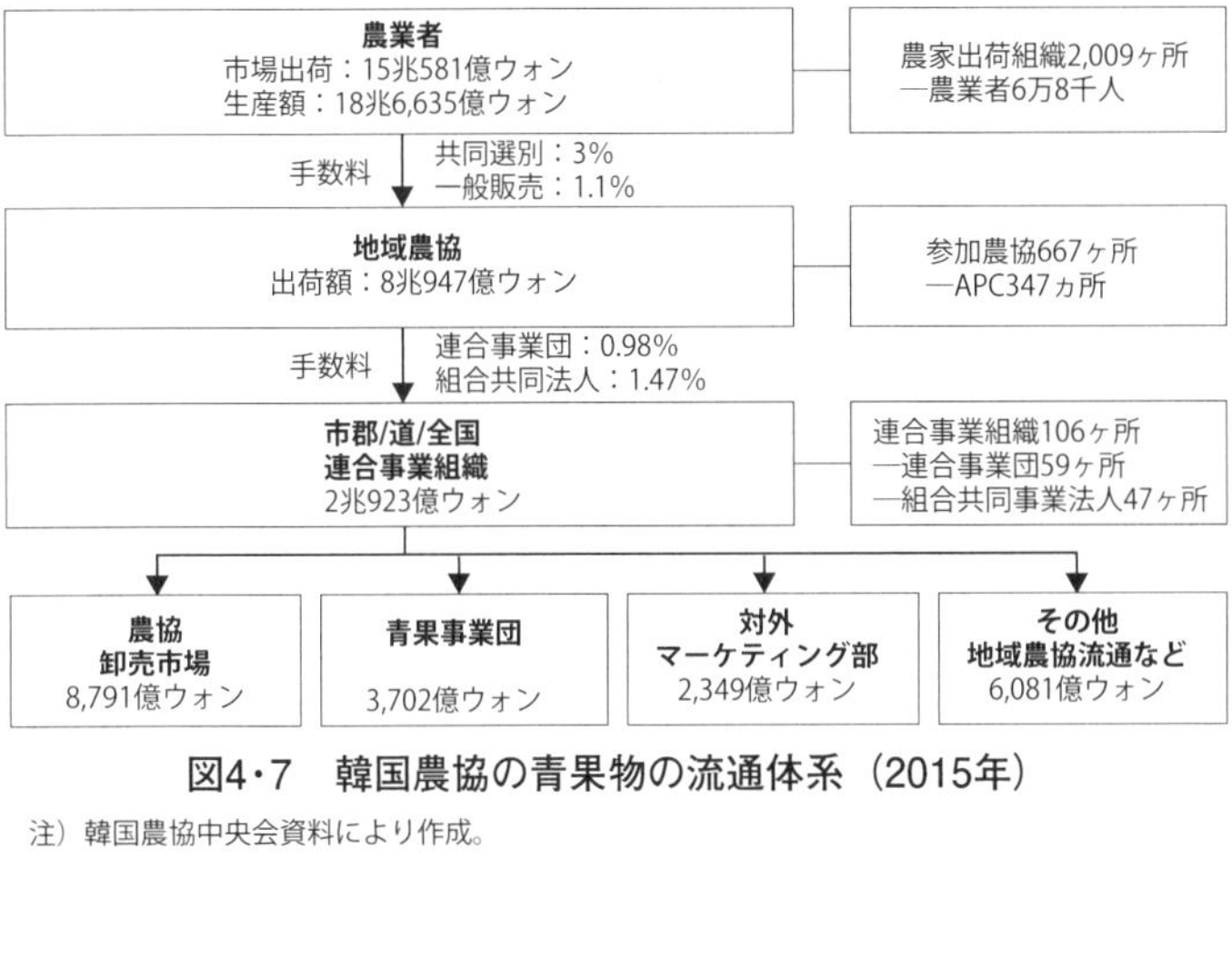

図4・7　韓国農協の青果物の流通体系（2015年）

注）韓国農協中央会資料により作成。

額は15兆ウォンである。これが6万8000戸の農家を構成員とする2009の出荷組織によって出荷される。地域農協の取扱額は8兆ウォン、53・7%であり、販売事業を行っている農協数は667、農産物集出荷施設（APC）は347ある。うち、本論が対象とする連合マーケティング事業によるものが2兆ウォンで、地域農協の取扱額の25%を占めている。農協中央会からの販売先では、農協営の卸売市場が9千億ウォン、青果事業団が4千億ウォン、大型量販店への販売を担当する対外マーケティング部が2千億ウォン、ハナロマート（日本のAコープに相当）などその他が6千億ウォンとなっている。これらは青果物の市場出荷額の13・9%、地域農協取扱額の25・8%を占めている。

広域販売事業の展開と実績

連合マーケティング事業のなかでも中心的存在である青果部門の実績を示したのが、**図4・8**である。連合事業団の販売は、2001年の114億ウォンから始まり、2010年まで一貫し

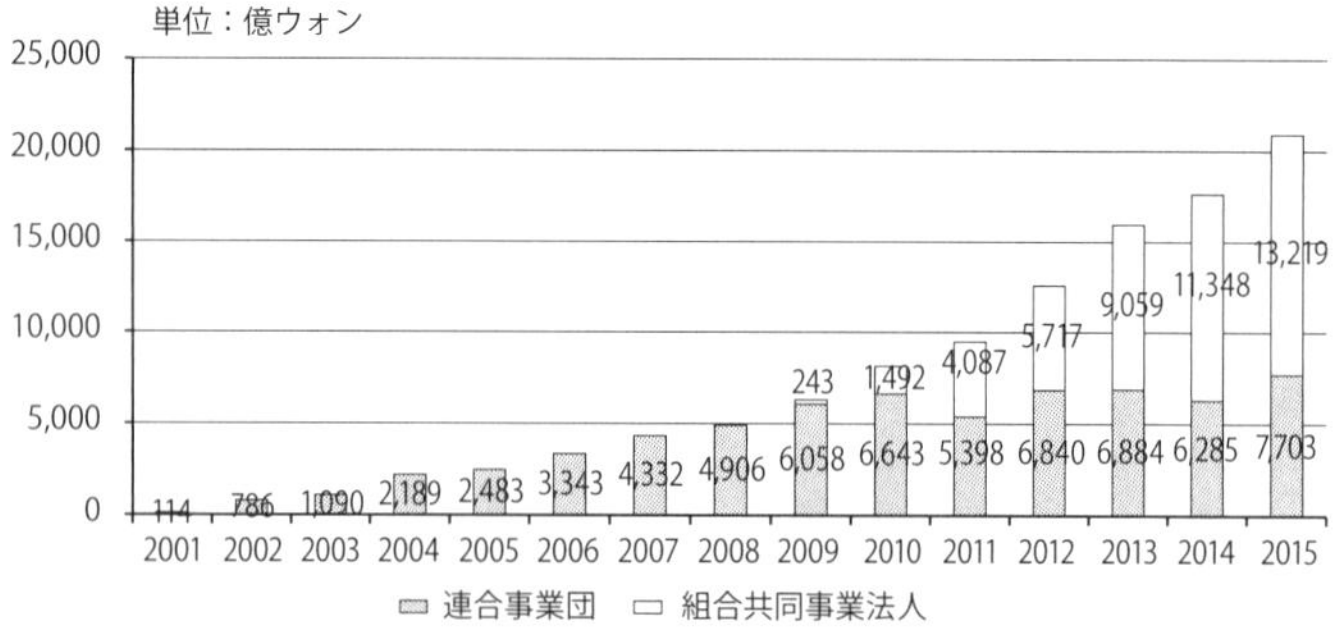

図4・8　青果部門の連合マーケティング事業実績の推移

注）韓国農協中央会資料および韓国農協中央会『農協年鑑』により作成。

た増加をみせ、6千億ウォンに達している。しかし、組合共同事業法人との競合のために2015年には8千億ウォン弱にとどまっている。これに対し、組合共同事業法人は2011年に4千億ウォン、2013年に9千億ウォン、2015年には1兆3千億ウォンと連合事業団の2倍に達する勢いである。両者を合わせると、2012年には1兆ウォン、2013年には1兆6千億ウォン、2015年には2兆ウォンを超えるに至っている。

この直近の2015年のエリア別の組織数を見たのが、**表4・6**である。連合事業団の組織数は合計59であり、そのうち市・郡連合事業団が45、道レベルの広域連合事業団が14である。売上高では総額8千億ウォンのうち市・郡単位が5千億ウォン、広域単位が3千億円であり、1事業団当たりの平均売上高は市郡単位で105億ウォン、広域単位で212億ウォンである。

組合共同事業法人数は合計47、うち市郡単位の法人が40、道レベルの広域法人が7である。売上高では、合計1兆3千億ウォンのうち、市郡単位が1兆ウォン、広域単位が3千億円であり、1法人当たりの平均売上高は、市郡単位で255億ウォン、広域単位427億ウォンである。

表4・6　青果部門における連合マーケティング事業の実績

単位：組織数、百万ウォン

区分		2013年		2014年		2015年		
		組織数	事業額	組織数	事業額	組織数①	事業量②	②/①
連合事業団	市郡	55	385,014	43	359,111	45	473,073	10,513
	広域	13	300,214	14	269,444	14	297,288	21,235
	小計	68	685,228	57	628,555	59	770,361	13,057
組合共同事業法人	市郡	29	649,862	34	816,948	40	1,022,980	25,574
	広域	7	256,026	7	317,873	7	298,973	42,710
	小計	36	905,888	41	1,134,821	47	1,321,953	28,127
計		104	1,591,116	98	1,763,376	106	2,092,314	19,739

注）韓国農協中央会資料により作成。

このように、売上高では連合事業団に比べて組合共同事業法人の方が1組織当たりで2倍以上となっている。また、市郡単位の連合事業団数は減少しているが、組合共同事業法人数は増加傾向にあり、連合事業団から組合共同事業法人に移行する事例もみられる。

2　ふたつの先進広域連の到達点

広域販売連の設立の動きは、従来の地域農協の販売事業を補完、強化するものであり、中央会や地域農協から移籍した連合会幹部の業務への意気込みも強い。以下では、組合共同事業法人（以下広域連と略す）の先進事例を2017年夏の調査により紹介しよう。

ふたつの広域販売連の組織・事業の特徴

対象とする2つの事例はともに韓国の南部、慶尚南道の普州（チンジュ）広域連と全羅北道の南原（ナモン）広域連である（**表4・7**）。

普州市は農地13,000haのうち水田が50%を占める田畑作地帯で、野菜が1,900ha、果樹が2,400haを示す。一方、南原市は農地2万0,700haのうち水田が50%、ついで畜産の基盤である草地となり、野菜は1,700ha（うち施設600ha）、果樹は800haとなっている。共通して、平場から丘陵部にかけて耕地が広がっており、稲作をベースとしながらも複合的な産地を形成する生産力の高い農業地帯である。

このなかで、普州市においては全国で最も早く中央会による連合事業団が形成され、２０１０年からは組合共同事業法人に再編されて今日に至っている。ここでは中央会市支部から出向した職員がトップとして２０１６年まで采配を振るってきた。広域連の実績が認められるにつれて参加農協も増加しており、市内14農協のうち10農協が構成員となっている。これに伴い、職員数も16名（うちプロパーが３名）となっている。青果物の集出荷施設は５つであり、広域連ではなく地域農協が運営している。作目別にはトウガラシを中心にカボチャ、イチゴ、パプリカ、ピーマンなどを主力としており、いくつかの作物に絞り込んで、共同選別、共同出荷が行われている。この施設利用をしている農家は共選出荷会に組織化された５

表 4･7　ふたつの広域連の比較（2015 年）

単位：億ウォン

		普州（チンジュ）	南原（ナモン）
地域農業の特徴	青果物の位置	農地 13,000ha で田畑作。野菜1,900ha、果樹 2,400ha	農地 20,700ha。露地野菜1,100ha、施設野菜 600ha、果樹 800ha
	広域連の特徴	野菜に特化した産地づくり	青果物を網羅した産地
設立年次	連合事業団	2002	2005
	共同事業法人	2010	2013
組織	参加農協数（全農協数）	10(14)	5(5)
	職員数（プロパー）	16(3)	10(5)
	APC 数	5	5
参加農家	共撰出荷会	587	1,508（32 会）
	出荷連合会の発足年	2014 年	2013 年以前
	作目班		2,405(153 班)
品目		トウガラシと果菜類（カボチャ、イチゴ、パプリカ、ピーマン）	果樹（ブドウ、桃など）と野菜（イチゴ、パプリカなど）、馬鈴薯
青果販売額	地区		1,415*
	単協計		760
	共撰品	693	302
	一般品		458

注 1）両組合共同事業法人資料により作成。
　2）*は 2010 年の数字。

87戸であり、2014年には各農協の共選出荷会を網羅した連合会が結成されている。地区および地域農協の青果物の粗生産・販売額は不明であるが、広域連の販売額693憶ウォンは有数なものである。いわば、中央会主導型であり、数品目に特化した形での広域共販体制を形成しているということができる。

一方、南原市においては2005年に連合事業団が設立されたが、実質的に1農協中心の取り組みであり、広域的な取り組みにはなかなか発展しなかった。そこで、市（自治体）が中心になって新たに市内5農協が結集する形で2013年に組合共同事業法人が形成されることになった。職員数は10名であるが、うちプロパーの職員が5名で出向者数と同数とその比率は高い。共選出荷会に参加している農家は1，508戸（出荷会数は32）であり、戸数は普州の3倍に上るが、販売額は302憶ウォンと2分の1である。より小規模な農家を組織化しているといえる。これは「春香恋人」のブランドで出荷されている。また、作目班に加入している2，405戸の農家の一般品についても広域連扱いとしており、地域農協での成果物取り扱いのほとんどが広域連を通じて販売されている。このように、5つの地域農協の青果部門が広域連に結合され、より包括的な広域販売体制が構築されているのである。

戦略品目に特化し専門的に販売を拡大した晋州広域連

晋州広域連の当初の参加は4地域農協であった（**表4・8**）。個々の地域農協の農産物集出荷施設

（ＡＰＣ）は１９９０年代後半に導入されたものであったが、生産者との出荷契約が守られず、稼働率が低下し収益的な問題を抱えていた。このため、連合事業化することにより集荷を広域化するとともに、同時にマーケティングを強化して農家の収益確保を図ることが目的とされたのである。

その結果、販売目標であった売上高１００億ウォンを２００６年には突破し、出荷会の構成員も当初の45戸から２３５戸へと増加をみせる。この時点での１戸当たり売上高は５、４００万ウォンであった。こうした成果を受けて、２００７年に２つの地域農協が、さらに２００９年には地域農協と園芸農協が新たに参加し、構成農協は８農協にまで拡大する。これに伴って出荷会の会員も３６２戸へと増加をみせ、取扱高も２２１億ウォンに達する。

２０１０年には組織形態を連合販売事業団から組合共同事業法人に転換した。その目的は事業規模の拡大と運営の専門化にあった。参加農協数は２０１３年には９農協、２０１４年には10農協にまで拡大し、２０１５年には５３７戸となっている。

表４・８　晋州広域連の動向

年度	参加農協数	連合販売額（億W）	参加農家数（戸）	1戸当り販売額（百万W）
2003	4	17		
2004	4	36		
2005	4	66		
2006	4	127	235	54
2007	6	140	270	52
2008	6	208	295	71
2009	8	221	362	61
2010	8	272	281	97
2011	7	332	272	122
2012	7	469	318	147
2013	9	552	435	127
2014	10	638	587	109
2015	10	693	537	129

注1）晋州組合共同事業法人資料により作成。
2）農家戸数は、出荷品目ごとの延べ数。
3）1ウォン（W)はおよそ0.1円。

法人化以降の成果は、販売の安定化のための販売原則の設定と事業間の連携、さらには産地流通センターの効率的な運用のために重要品目を中心に３つの圏域別の運営を行うようになったことである。また、２０１４年には共同選別出荷会の連合会が形成され、規格や選果に責任を持つことで生産者の自主性や責任意識が高まったことも重要である。

販売実績も順調に伸びており、再編以降毎年１００億ウォンの伸びを示し、２０１５年には６９３億ウォンとなっている。トウガラシが55・３％と過半を占めており、カボチャ（エホバック）が18・８％、イチゴが13・８％、パプリカが５・３％、ピーマンが２・４％であり、トウガラシ類と果菜類を扱っている。管内には果実の産地も多くブランドも確立しているので、野菜に特化して産地づくりと販売強化を図っているのである。

これに伴って、参加農協の販売事業全体における広域連扱いの比重も、２０１０年の７・６％から２０１５年の20・５％にまで高まっており、地域農協の販売事業にとってもなくてはならない存在になっている。

連合事業団時代の農家１戸当たり販売額は７、０００万ウォンであったが、２０１１年以降は１億ウォンを超える実績を示すようになっており、比較的規模の大きな農家で構成されていることが見てとれる。また、２０１１年から４年連続で農林畜産食品部（日本の農水省に相当）の産地流通最優秀組織に選定され、実績が評価されている。

地域農協の青果部門を統括する南原広域連

南原広域連の場合、２０１３年に設立された段階において、果樹や施設園芸などの青果物の産地が形成されており、５つの農協による集出荷施設の整備も図られ、共選出荷会の組織化も図られていた。２０１０年の市域での青果物粗生産額は1、４１５億ウォンであり、そのうち果樹が６５７億ウォン、施設野菜が５５６億ウォン、露地野菜２０２億ウォン（ほとんどが青田売買）であった。農協の販売額は園芸農協を含む５農協の合計で６７５億ウォンであり、48％と韓国では極めて高いシェアーを持っていた。

広域連は、その前提の上に量販店対応など新たな流通チャネルに対応したマーケティングを確立することを目的とした。そこで、戦略品目としてブドウ、イチゴ、パプリカ、メロン、馬鈴しょ、桃が選定され、量販店、輸出対応を行っている。量販店販売は共選品がほとんどで１１０億ウォン、36・５％であり、輸出が38億ウォンとなっている。設立から数年の段階ではあるが、流通改革の成果は徐々に現れている。

また、法人化のもう一つの狙いは、共選出荷会の組織を拡大するとともに、既存の作目班に属する個選販売農家をも巻き込んで、南原市という青果物の広域産地を形成することであった。これにより、広域連による一元的な青果物産地の形成を目指している。

組織化の状況を**表４・９**でみると、総農家4、８８０戸のうち、共選会と作目班を加えた生産部会への加入農家は3，913戸（80・2％）であり、そのうち共選会が1，508戸（38・5％）、作目班が2，405戸となっている。播種面積でも部会員の面積は1，268ha、71・3％となっている。広域連の販売額は、766億ウォンであるが、そのうち共選品は304億ウォン、39・7％となっている。作目班の個選品も広域連の扱いとなっており、この点が他の広域連との大きな違いとなっている。

現段階では、個選品は農協により主に卸売市場へと出荷しているが、共選品並の品質基準の向上を前提に、共選品のブランドである「春香恋人」への統一を行うことが日程に上っている。それが可能な生産部会の体制が確立するならば、これまで設立されてきた連合事業団や組合共同事業法人の枠組みを打ち破って、農協連合による広域産地形成を実現することができるであろう。

表4・9　南原法人の生産部会の活動（2016年）

単位：戸、%、ha、億ウォン

		戦略品目	育成品目	その他	合計
生産部会数	共選会	17	13	2	32
	作目班	100	27	26	153
農家数	総農家	3,096	1,380	404	4,880
	生産部会	2,490	1,089	334	3,913
	共選会	873	555	80	1,508
	作目班	1,617	534	254	2,405
	部会員比率	80.4	78.9	82.7	80.2
	共選会員比率	35.1	51.0	24.0	38.5
播種面積	総播種面積	1,160	513	105	1,778
	部会員面積	824	364	80	1,268
	部会員比率	71.0	71.0	76.2	71.3
農協販売額	販売総額	511	225	31	766
	共撰品	229	66	9	304
	共撰率	44.9	29.2	29.9	39.7

注1）南原市組合共同事業法人資料により作成。
2）戦略品目はブドウ、イチゴ、パプリカ、メロン、馬鈴しょ、桃、育成品目はリンゴ、キュウリ、サンチュ、梨、トックリイチゴ、ミニトマト、スイカである。

【関連論文】

(1)黄盛壹・坂下明彦「韓国における農協連合マーケティング事業の展開と機能変化」『協同組合研究』38巻1号、2018
(2)黄盛壹・申錬鐵・朴紅・坂下明彦「韓国における多品目産地の農協連合販売事業の展開―全羅北道南原市を事例として―」『農経論叢』72集、2018

Ⅲ　中国における有機農業の展開とその主体

高慧琛・朴紅

1　中国における有機農業の展開と農民専業合作社

ここでは、有機農業と関連付けて中国で急速に増加をみせている農民専業合作社（農協）の動向に関する研究を紹介する。

有機農業の中国的展開

1990年に浙江省臨安県の茶葉がオランダのSKALのオーガニック認証を受け、海外へ輸出を開始する。これが中国における有機農業運動の起点と見なされている。その後、中国の有機農業運動は以下の三つの段階を辿る。第一段階は1990年代であり、輸出型の有機農業運動である。外国企業が中国を原材料産地として目をつけ、中国の企業もそれを契機に輸出をはかった。結果として95％以上の農産物が有機認証を受けてから海外へ輸出された。第二段階は2000初年代であり、有機農業の国内市場形成の萌芽期である。中国政府による有機認証基準と関連法規の整備と改善、そして管理システムの形成により完全な第三者有機認証システムが構築された。第三段階は２０１０年以後の急速な発展期である。国内の有機農産物市場が拡大し、２０１３年の有機農産物の国内売上は24・3億ユーロと総売上の86・９％を占めるに至る。この過程で有機農業運動に徐々に多数の団体が参入するようになった。本文で紹介する農民専業合作社もその一つである。

有機認証取得を主体からみると、２つに分けることができる。「企業モデル」と「農民専業合作社モデル」である。中国食品農産物認証情報システムによると２０１４年７月からの１年間の有機認証は１万3、１２６件にのぼる。そのデータを解析すると、有機農業生産主体は7、５２６あり、農民専業合作社がその23・２％を占める。これは意外な結果であり、有機農業は慣行農業より作業が複雑で要求が高く小規模農家とは縁がないと見なされてきたが、小規模農家が合作社に結集して有機農業に参入していたのである。

農民専業合作社設立の背景

21世紀に入り中国の農業と農村経済は著しく変化している。１９８０年代の生産請負制導入後、家族を単位とする小規模農家は日々拡大する市場の要求に対し様々な試練に直面している。農産物市場が売り手市場から買い手市場へと転換し、また中国のＷＴＯ加盟後にはグローバルスタンダードを迫られ、生産者が向き合う市場環境は非常に厳しくなっている。

このような背景のもとで、農家は経営規模、技術と情報取得等で劣勢に立たされ、農業経営のリスクはさらに増加した。それ故、農家が連帯して市場競争力を高める必要性が高まっている。そこで、組織化によってコストを下げ、収益を向上させる農民専業合作社が生まれているのである。２００７年７月には「中華人民共和国農民専業合作社法」が施行され、中国国家工商行政管理総局に登録される農民専業合作社の数は急増している（**図４・９**）。２０１５年末で専業合作社の数は１４８万社、参加農家は９、９９７万戸となっている。対象とする作目は穀物、綿花、油脂作物、肉類、卵類、ミルク、果物、野菜、茶等に加え、農村伝統手工業と観光農業等となっている。

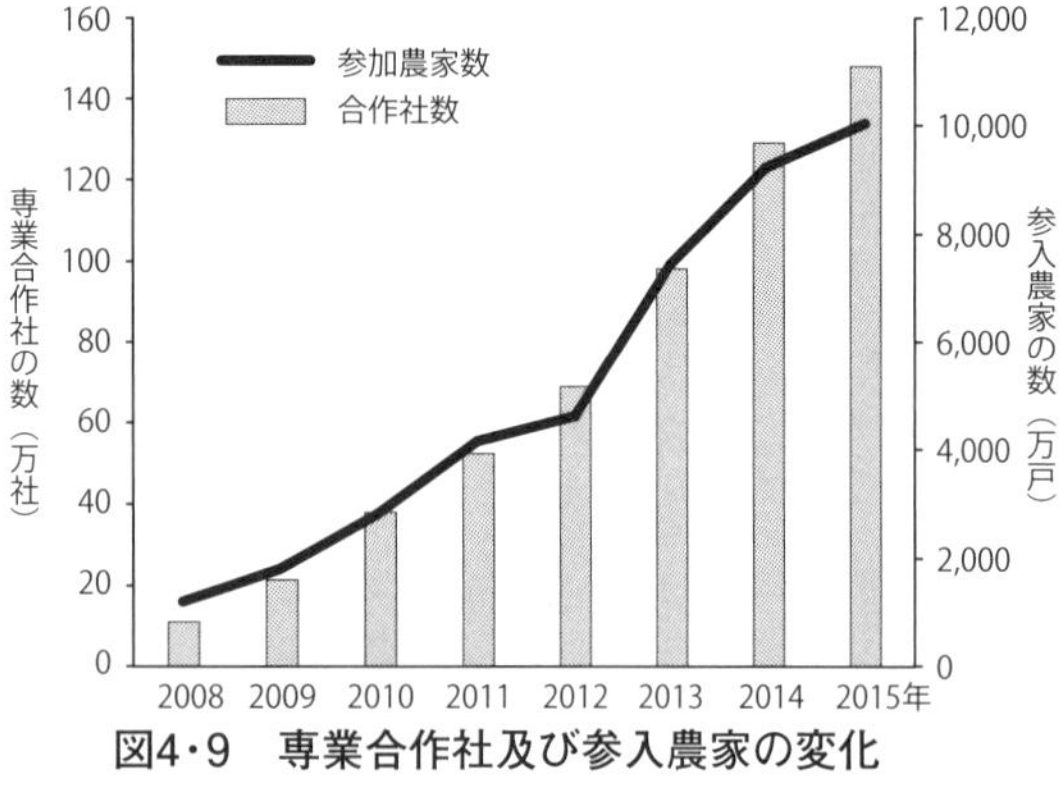

図4・9　専業合作社及び参入農家の変化

注）政府統計資料により作成。

江蘇省の戴庄有機農業農民専業合作社

筆者らは江蘇省の句容市天王鎮で戴庄（ダイヅェン）村有機農業専業合作社についてフィールド

ワークを行った。そこから合作社の具体像を提示してみたい。2003年までは戴庄村は句容市の中でも貧困な村であり、1人当たりの年間所得は3,400元と、市の平均よりも22％も低かった。2005年頃に鎮江農業科学研究所が戴庄村で有機桃と有機米の生産実験を行った。有機農業がもたらす高付加価値生産の結果を見て、農家は自発的に連携し、鎮江農業科学研究所の支援を得て2006年に「戴庄有機農業農民専業合作社」を設立した。その後、2012年までに村の95％の農家が合作社に加入した。数年間の取り組みの結果、合作社の運営は円滑になり、一人当たりの平均所得は2012年に1万3,710元へと増加し、市平均レベルを上回るようになった。

この結果「戴庄モデル」は行政村を単位とした合作社構築の成功事例と位置づけられている。合作社と戴庄村の村民委員会のリーダーは重複しており、組織も一体である（「戴庄モデル」と呼ばれる所以）。このような体制は合作社によるメンバーの募集や農地調整等で有利に働いている。生産技術の向上については鎮江農業科学研究所及び戴庄村の優秀農家、大卒後公務員試験をパスして派遣された幹部職員など3者が担当し、多様な有機生産の試験を実施している。合作社大会は毎年行われ、社員は「一人一票」の議決権が保障されている。

有機専業合作社のシステム

図4・10で示すように専業合作社が設立されたことで分散した小規模農家と市場間に「架け橋」が

作られている。つまり、専業合作社が戴庄村全体の有機米生産、包装及び販売までのワンストップサービスを担うとともに、有機認証に関わる費用全額を負担している。専業農家は有機米生産チームに加入して集団生産を行い、兼業農家は農地を合作社に委託する形で参加する。その他の品目については、小規模農家による有機生産は難しいため、合作社は「先開発・後請負」の方式をとっている。まず有機作物（野菜、果実、茶等）を専業合作社がその基盤施設の建設、技術定着さらに販売保障等を全て担う。それがある程度の軌道に乗ると、専業農家の希望者がそれを請負うが、初期段階では販売は合作社が担当することで農家のリスクをカバーする。米以外の品目を委託に出すことで、合作社は米の生産・加工・販売に集中することができ、農家の積極性を引き出すことができた。

　販売では、一部を上海の会社と契約生産する以外は、自己ブランド「野山小村」により周辺での販売を行い、同時に

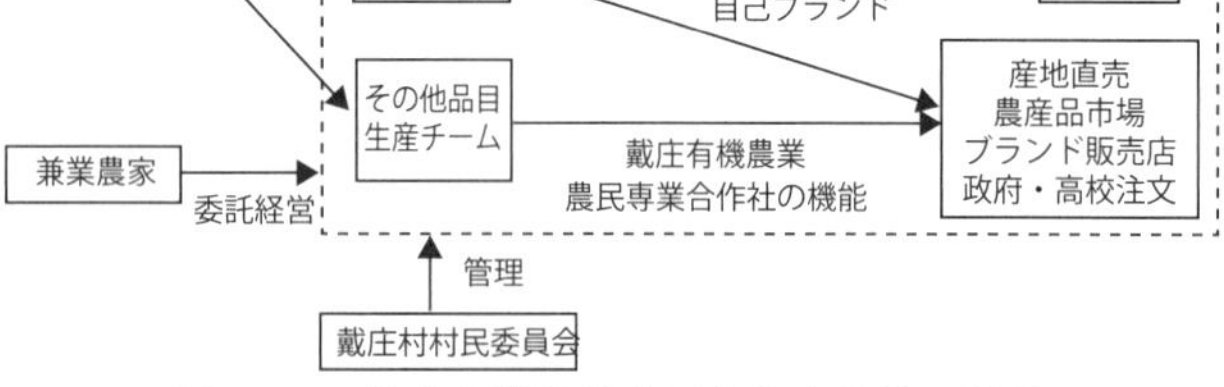

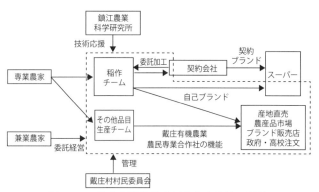

図4・10　戴庄有機農業農民専業合作社の機能

注）合作社資料により作成。

多様な方法で販売活動を行っている。今後は、この合作社を中心に周辺の合作社が連合して、社員へのサービスを強化することを展望している。

農民専業合作社の展望

日本の総合農協と違い、中国の専業合作社は上から下までの完全なシステムは存在せず、組合員に提供できるサービスにも限界がある。この事例では村を単位とする専業合作社が設立されることで、有機農業生産に伴う生産・技術体制や販売戦略が建てられたことで、家族を単位とした小規模農家の市場対応が可能となっている。すなわち、戴庄村は鎮江農業科学研究所の技術の優位性を利用し、有機栽培を普及し、中国での有機市場の拡大を捉え、高品質の「越光」米及び自己ブランド「野山小村」により小規模農家の所得拡大を図ったのである。

正月にその年の最重要課題が盛り込まれて発表される中国中央1号文書で、２０１６年には専業合作社が数回にわたって言及されており、専業合作社を代表とする新型農業経営主体の地位と機能、模範合作社の設立、融資のあり方について記述がなされている。とはいえ、専業合作社に関する立法保障、サービスシステムの形成、業務機能開発等はまだ進行中である。政策の影響力が強い中国においては、各地域の特性を踏まえた独自性のある合作社の形成が大きな課題となっている。

2　中国でのCSAの展開と合作社

これまで中国の有機農業と農民合作社について概説したが、ここでは中国でのCSAの展開について北京近郊のドンキー市民農園の事例を交えて紹介することにする。

中国におけるCSAネットワーク

CSA（地域を支える農業、Community-supported agriculture、以下CSAと省略）は世界で長い歴史を持っており、1960年代の日本では有機農業生産者と消費者の「提携運動」が行われていた。典型的なCSA農場運営方式とは、農場会員としての消費者が農産物の作付前にその年の農作物代金を支払い、それに対し農場が定期的に旬の野菜を提供することである。CSAは、生産者と消費者を直接結びつけ、より便利かつ効果的に信頼関係を構築するものである。

2009年にドンキー市民農園が北京で誕生したことにより、中国でCSAが正式にスタートする。それ以降、数年間でこのモデルは中国の大都市で徐々に増加をみせてきた。CSAネットワークとしては、CSA方式以外にもいくつかの展開方式がある。ファーマーズマーケットは主にその地域の農家が複数戸集まって、自分の農場でつくった農産物を持ち寄り、消費者に直接販売するスタイルの市場である。エコレストランは環境に配慮したエコ食材を使用するため、直接に農家から食材を購入し、また消費者に環境問題への関心の動機づけをする。かたちはそれぞれ異なるが、共通する五つの原則として、安全生産、相互信頼、相互協力、地域開発、直接販売がある。**表４・10**は、中国での生産者と消費者がこのネットワークに加入した主要な原因を示しているが、共通原則を見て取れる。

ドンキー市民農園の設立経緯

２００６年に中国人民大学の農村建設センター（責任者は温鉄軍教授）は北京文明消費者合作社を設立し、河南省の蘭考県南馬庄村の農家と「購米包地」協定を締結した。この内容は消費者が特定範囲の水田で生産される有機米を全て購入予約し、事前に生産にかかるコストを生産者に支払うという方式である。

この運動は、中国のＣＳＡの原形となった。この普及のため、同年に国仁緑色連盟が設立され、農村建設センターを事務局として、山西省、山東省、吉林省、河南省、湖北省などの７つの農民専業合作社が加入している。２００８年に国仁緑色連盟は国仁城郷科技発展センターに改組され、消費者団体と農家組織を結びつけることに加え、ファーマーズマーケットの普及も行うように業務範囲を拡大した。

ドンキー市民農園は２００８年４月に設立され、敷地面積は15・３ha、北京郊外の景勝地である鳳

表４・10　CSAネットワークに加入した動機

生産者
1．新たなライフスタイルを探る（76%）
2．環境に関心を持つ（67%）
3．消費者に安全・安心の食材を提供する（67%）
4．消費者と信頼関係を構築する（43%）
消費者
1．安全・安心の食材を求める（95%）
2．環境に関心を持つ（60%）
3．食の原点に関心を持つ（41%）
4．生産者と信頼関係を構築する（40%）

注）陳衛平『地域支援型農業：理論と実践』2014から引用。

凰山の麓に位置している。北京市海淀区政府と中国人民大学の共同モデル地区であり、運営は国仁城郷科技発展センターが担当している。これは産官学連携としての革新的な試みであった。ドンキー市民農園は化学肥料、農薬を使用せず、伝統的な生産方法を継承することとしている。設立前には土壌や地下水の検査も実施されている。

２００９年３月、正式に運営がスタートした。２０１０年１月には、ドンキー市民農園の呼びかけにより、最初の全国ＣＳＡ経験交流会が開催された。さらに、２０１１年には子供のための畑学校やＤＩＹ木工房を開設するなど、自然教育分野にも参入するようになった。２０１２年には都市部の子供たちの課外活動として毎週末に農業体験、手工芸、健康飲食、自然活動などをテーマとした「親子コミュニティ」活動を開催した。同年10月、貸し農園の会員を「貸し農園コミュニティ委員会」に組織化し、消費者がドンキー市民農園の生産・経営活動に参加できるようにした。

運営事業の展開

ドンキー市民農園の事業は、農産物の定期配送、貸し農園、および共同購入の３つからなる。生産前に農産物の定期配送と貸し農園の会員を募集し、ドンキー市民農園に会費を前払いして契約を結ぶ。

農産物の定期配送は、会員と農園が生産リスクを分担する協力関係である。具体的には、そのシーズンの生産が始まる前に会員が生産される農産物の費用を農園に支払う仕組みである。農園は生産する農産物の品質を確保しながら、計画通りにそれを各会員へ定期的に配送する。会員は、農場の作業体験をし、農場の生産をチェックすることができる。同時に、農場は定期的に様々なイベントや説明会を開催し、農場の情報、環境保護などの知識を発信している。定期配送は夏期（5月〜11月）と冬期（11月〜翌年4月）に分かれている。農産物の受け取りは、直接農場での受け取り、北京市内の配送拠点での受け取り、宅配の3種類があり、これに応じて配達費は異なっている。

貸し農園は日本とほとんど同じ理念をもっている。ドンキー市民農園の場合は、30㎡ほどの区画を会員に貸し出し、そこで野菜の栽培や様々な農業体験を行なう。期間は4月から11月までである。会員は貸し農園を利用する前に期間分の賃料と作業費用を支払い、契約を締結する。この期間内には、消費者はいつでも家族や友達を連れてきて畑の世話ができる。一方、農園のスタッフは必要な生産資材や技術指導を提供する。農園に作業委託することも可能であり、その間、農園がかわりに畑のすべての世話をする。

農園の共同購入は会員特典として開発されたもので、通常は毎月、特色ある野菜バスケットが企画され、安い価格で会員に販売される。

２０１２年からは緑色連盟に加入した農民専業合作社が、生産した農産物をドンキー市民農園の専門販売所や宅配で供給できるようになった。

ドンキー市民農園の組織は4層から構成されている。第一が国仁城郷科技発展センターに属する運営チームであり、第二は中国人民大学の温鉄軍教授が率いる顧問チームである。第3がＣＳＡの研修・ボランティアグループ（全国から公募した研修者で構成され、農園を通じてＣＳＡ運営のノウハウを学ぶ）、そして第四が貸し農園コミュニティ委員会である。

日常の運営管理は生産と販売に分けられる。生産管理は、主に現地農家のアルバイトが担当する。野菜の品質を確保するため、生産部が栽培品種と畑の状況によって作業を計画し、農家は計画通りに作業を行う。販売は正社員が担当しており、研修生とボランティアが支援する。内容は、配送、パンフレットの作成、会員の交流活動、イベントの企画等である。

会員数の推移

ドンキー市民農園の会員は、２００９年の54人から始まったが、うち37人が農産物の定期配送会員であり、17人が貸し農園の会員であった。翌２０１０年の会員数はすでに６４７人に達し、貸し農園会員が１０７人、夏期の定期配送が２８０人、冬期の定期配送が２６０人であった。さらに、２０１１年の会員は７２３人（冬期配送を除く）に、２０１２年にはピークの９９４人（同）となった（**図４・11**）。これ以降は、貸農園は停滞的であり、農産物の定期配送の会員数はかなり減少している。

この主な原因は、貸し農園用の農地が飽和状態となったこと、またＣＳＡが社会的に注目されるようになり、北京周辺に１００ほどの小規模市民農園ができ、競争が激しくなったこと、そして、国仁城郷科技発展センターの市民農園の目的が市民農園の利益追求ではなく、その普及であったため、プロジェクトが軌道に乗った後には他のプロジェクトの開発に重点を移したことによる。

ドンキー市民農園の意義

ドンキー市民農園の実例は中国における大都市周辺で有機農業を展開する新型モデルである。CSAネットワークの中で、消費者と生産者を直接結びつけている。これにより、双方にリスク分担のシステムが形成されている。消費者は生産・販売過程をよく観察でき、有機農業の生産者にとっては第三者認証の必要性がなくなり、その分のコストの削減が可能となる。同時に、関係性を築くことができ、食の安全安心に関する潜在的な不安を解消することができる。

数年の発展を経て、中国の有機農産物市場は拡大し続け、ますます多くの団体がこの分野に参入している。消費者の購買力の向上に伴って、食の安全・安心への意識が高まり、より多くの消費者から信用できる食品が求められている。こうしたことは地域の市場形

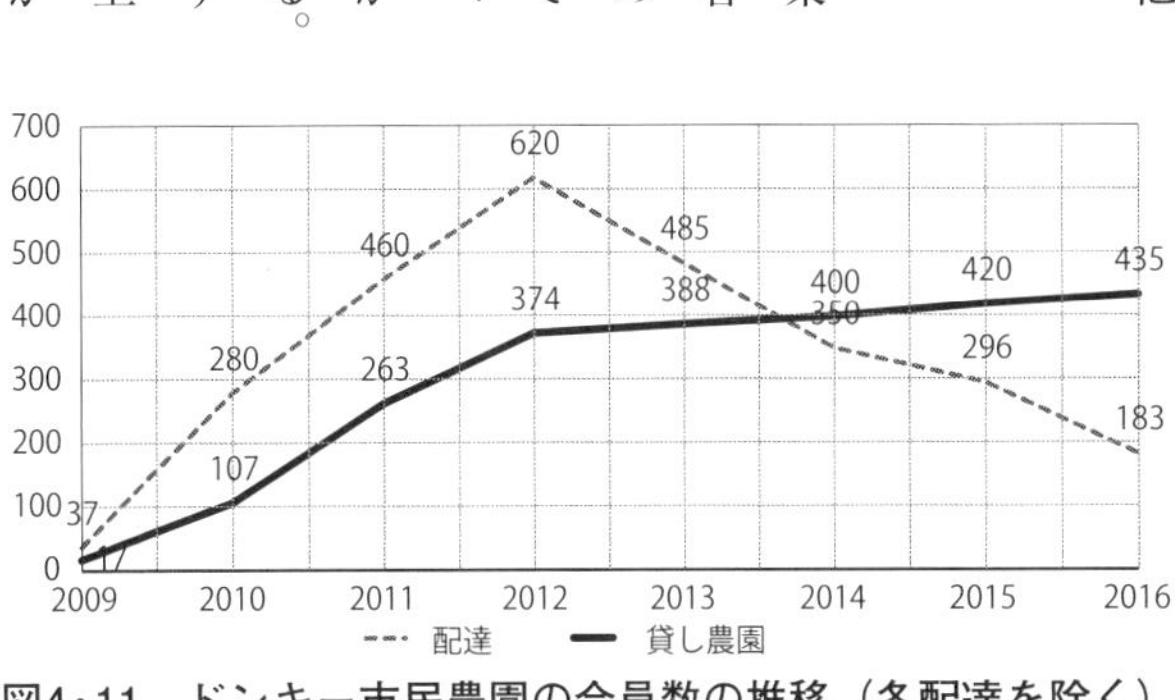

図4・11　ドンキー市民農園の会員数の推移（冬配達を除く）

注）市民農園の資料により作成。

成を促進させている。この事例により、社会的関心が購入だけではなく、生産・消費の過程にも向けられるようになった。例えば、有機農業の発展初期に提唱された公平な取引、地元のフードシステムへの関心、こどもの食教育などである。ＣＳＡの発展は多種の団体が参入することで、農業について多角的な視点をもたらした。単なる食の安全・安心の提供にとどまらず、環境保護、食教育、文化促進、地域振興などの活動も行われるようになっているのである。

3　有機農業とアグリビジネス

中国の有機農業は、日本で想像されている以上に進んでいることをこれまで紹介した。その担い手は農民専業合作社や産消提携（ＣＳＡ）であるが、もう一つ「竜頭企業」と呼ばれるアグリビジネスの存在を見逃すことはできない。これは学界で有機農業発展のコンベンショナル化（慣行化）と言われている動きである。有機農業の第三者認証の普及、グローバル化を通じて、本来有機農業が持っていた取引の公正性やコミュニティの信頼性など社会運動的価値が軽視される傾向のことである。ここでは、雲南省の好宝有機農業有限会社（以下は好宝有機と略する）の調査を通じて、中国における有機農業産業における現象を探ってみる。

会社の設立と生産拠点の開設

「好宝有機」は２００２年８月に明毅氏によって設立されたもので、資本金は１００万元、当時は「昆明好宝箐（こうほうせい）生態農業有限公司」という名称であった。この企業は、雲南省において国家有機認証基準にもとづいて有機野菜生産を開始した第一号である。設立者である明毅氏は昆明市で電子機器工場を経営していたが、化学肥料や農薬の過剰使用が農地に深刻な被害を与えていると懸念し、有機農業経営への転身を決意したという経歴の持ち主である。

好宝有機の最初の生産拠点（農場）は、雲南省昆明市の西山団結地区にあり、市の中心部から25㎞離れた少数民族の地域である。この地区には16の社区委員会、１３６の自然村がある。昆明の中心部に近いので、「農家楽」という観光産業が発展している。農村の自然、文化を観光資源として運営する農村観光事業を指し、いわば中国型のグリーンツーリズムであり、同社もそれを支援していた。

生産拠点のある大楽居村は農地面積が26・７ha、２３１世帯８９２人の純農村である。好宝有機は２００４年に７・７haを契約期間50年、１ha当たり借地料６、０００元で借入している。その場所は長年にわたり耕作放棄されていた傾斜地であった。この年に初めて南京国環有機製品認証センターから有機農業認証を取得している。

また、２００９年に明毅氏が雲南省の大理市を訪問した際に、地元政府が有機農業振興への協力を呼びかけたことから、同市の淡水湖の周辺にある銀橋鎮で総面積８haの第二生産拠点を開設した。主に有機米を栽培しており、２０１０年に初めて有機農業認証を獲得した。

会社の経営理念の転換

好宝有機は中国の有機農業の先駆者であるが、順風満帆のスタートとはいえなかった。当時はマスコミや消費者から有機農業についての理解を得ることは難しかった。有機農業経営への総投資額は980万元まで膨んだが、8年連続の赤字経営であり、2010年末からようやく黒字経営に転換した。

その後、中国の有機農業は注目度を増し、投資対象としての魅力が高まった。投資家は好宝有機の経営に興味をもつようになり、投資のみではなく経営活動にも参加する意向を表明した。明毅氏は2012年に彼らの投資を受け入れ、会社を共同経営することで合意した。しかし、会社の発展戦略に関する双方の意見の相違がただちに表面化した。明毅氏は、有機農業生産を行うための農地転換に要する期間が必要であり、目先の利益や成功を求めない基盤づくりを重視した。同時に、地元での積極的な有機農業の技術普及や消費マインドの転換に力を入れてきた。このことが地元の経済活性化や村振興、農家の増収につながると考えていたのである。このために、2009年からは近隣の十裏箐村で「有機村」プロジェクトを展開した。8戸の農家、4haで生産された有機野菜を会社が全て購入し、1ha当たり最低3万元の保証価格を設定した。また、有機レストランや旅館を建設し、見学者や消費者により多くのサービスを提供すると同時に、地元白族農村のトーチ祭りをサポートしたり、消費者を集めて農場見学や体験活動を行ったりしていた（**表4・11**）。

しかし、新規投資家は、有機農業を収益性の高いビジネスと位置づけており、できるだけ急速に規模拡大を行い、早期により多くの市場を押さえるための先手を打つ必要があると考えた。結果として、２０１２年に明毅氏は会社を辞任し、大理市で有機米を栽培する新しい会社「雲南良道農業科学技術有限会社」を設立した。

会社の規模拡大と販売戦略

社名変更を含む戦略の転換後、好宝有機は急速な発展と拡大に乗り出した。２０１２年６月には北京、11月には深圳、12月には天津と上海でそれぞれ新しい販売子会社を設立した。同時に、既存の生産拠点（農場）を維持しながら、２０１２年には昆明市の東北の嵩明、官渡両県の松華ダム自然保護区内で２つの新しい生産拠点を開設し、２０１４年は冬季の有機野菜の供給を確保するために、雲南省の玉溪市新平イ族タイ族自治県で新たな拠点である新平拠点を開設した。

好宝有機はグループ会社として昆明市に本社を置き、昆明市での販売子会社を含む五つの子会社を有していた。発展の初期段階では、主な物流手段はＳＦエクスプレスへの委託であった。しかし、２０１

表４・11　好宝有機の経営戦略の転換

	2012 年以前 「地域発展戦略」	2012 年以後 「全国市場拡張戦略」
1．会社構造	地元の会社	グループ会社
2．生産拠点	２箇所（15.7ha） （好宝箐 7.7ha・大理８ha）	４箇所（248ha） （好宝箐 14.7ha・大理 100ha・松華ダム 113.3ha・新平 20ha）
3．販売	会員制	会員制・量販店・ネット取引
4．流通	SF エクスプレス物流委託	独自の冷凍物流システムと航空物流委託
5．地域振興	①有機生活イベントの開催 ②「有機村」プロジェクト ③グリーンツーリズム	無

注）2013、2015年の聞き取り調査により作成。

2年5月から、独自の冷凍物流システムを導入した。また同年、電子商取引サイトとして「好宝農庄農産物取引サイト」を開設し、全国からの注文を受け入れるようになった。

生産と流通の仕組み

好宝有機が有機認証を取得した農産物の量は合計133・3トンであり、認証総面積は48・6haである（2014年）。しかし、実際の現地調査によると、有機認証を取得した量は実際の収穫量と著しく異なっている。好宝箐拠点を例として示すと、2014年に南京国環有機製品認証センターから取得した認証の生産量は20・6トンである、しかし、実際の生産量は370・2トンである。その内、279・8トンは有機農産物として流通センターに送られている。これは非認証農産物と知りながら消費者に有機農産物として販売しているのではないかと疑われる。これは投機的な行為であろう（**図4・12**）。

また、損耗率が19・2%（①+②+③）であることも問題であり、流通センターから全国支店までの長距離運送、

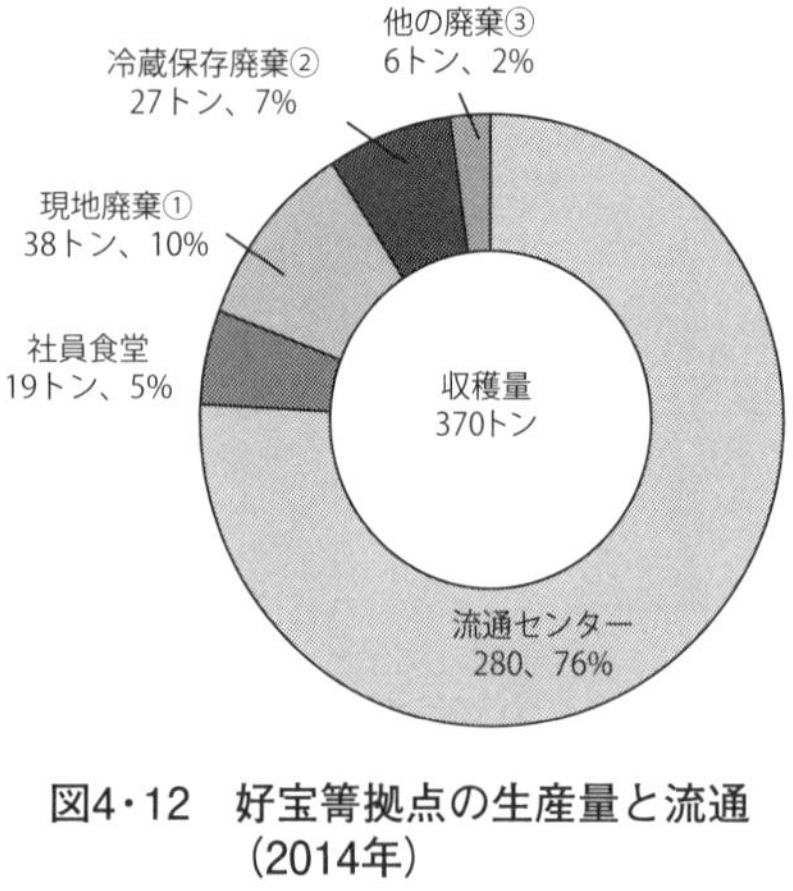

図4・12　好宝箐拠点の生産量と流通（2014年）

注）聞き取り調査により作成。

さらに支店から各家庭の運送段階を考えると、農産物の損耗率はさらに大きくなると推定され、本来の有機農業概念からの逸脱である。長距離輸送を伴う車両の温室ガスの排出も環境に大きな悪影響を与える。

好宝有機の主な販売ルートは会員制である。会員のニーズに応じて、配達回数と配達量が定められ、通常は毎週配達する。有機野菜を配達すると同時に、顧客の希望を満たす一般農畜産物（果物、鶏肉、卵）も配達している。これらの商品は有機農産物ではなく生態農業産品と称される。出荷商品の包装で、シールに南京国環有機製品認証センターの有機認証証明書と認証番号が印字されている。しかし、認証の量と実際の出荷量が異なることからみて、この認証証明書と認証番号は繰り返し利用されている疑いが強い。会員が気づくことはほとんど不可能である。会員制以外の販売ルートを拡大する能力は限られている。

バブルの崩壊

2015年6月以降、好宝有機は資金不足に陥り、急速に拡大していた業務は縮小されることになった。大理の有機米生産拠点は明毅氏の雲南良道農業科学技術有限会社に売却され、それと同時に、新平拠点の開発も断念された。松花ダム拠点にある約36haの農地は、2012年に地元の新発村と17年契約、ha当たり1万8,900元の借地料で契約を結んだが、2014年には借地料を滞納する事態となっている。

こうした会社の経営不振は改善されず、２０１６年4月に好宝有機は破産した。筆者が再び訪問した時には、オフィスはすでに空になっていた。会費を支払った顧客は今のところ何の説明も受けていない。

こうしたアグリビジネスによる「有機」事業は慣行農業と本質的な違いはほとんどなく、コンベンショナル化の傾向が続いている。また、投機的な行為は中国の国内市場では珍しいことではないが、こうした詐欺まがいの行為は中国の有機産業の発展に大きな悪影響を及ぼすことは間違いない。商業的利益によって推進される有機農業の発展は、経済的利益を一時的に実現はするが、有機農業の社会的価値は完全に無視されている。改めて、農民専業合作社（農協）や産消提携の重要性を強調しなければならない。

【関連研究】

(1)Huichen Gao, Hong Park and Akihiko Sakashita, Development of Organic Farmers' Cooperatives in East China: A Case Study of Dai Village, Jurong City, The Japanese Journal of Rural Economics 17, 2014

(2)Hong Park, Hui Chen Gao and Akihiko Sakashita, Formation of Organic Rice Production Areas and Specialized Farmers Cooperatives in Northeast China-A Case Study of Wuchang City-, The Frontiers of Agricultural Economics, 19-1, 2016

(3)高慧琛・李雪蓮・朴紅・坂下明彦「中国における持続可能な農業の展開」『農経論叢』第72集、２０１８

第5部　マスコミと農協・消費者

Ⅰ　「ガイアの夜明け」のケーススタディ

清水池義治*・坂下明彦**

テレビ東京の有名番組「ガイアの夜明け」で、２０１６年11月と２０１７年６月に酪農の生乳流通に関する内容が取り上げられた。指定団体制度改革が進行する中での放映でもあり、一定の社会的影響があったと思われる。

本論では、「ガイアの夜明け」の放送内容を検討し、それが意味するものを考えていきたい。筆者は、生乳卸売業者やそれに出荷している酪農家の取り組みについては非常に注目しており、彼らの取り組み自体を批判しているのではないことを最初にお断りしておく。このテレビ放映後には、公正取引委員会により阿寒農協への「注意」が発せられており、この内容について補足的にコメントしておく。

1　指定団体制度を既得権益の問題に矮小化*

1回目の放送内容

まず、1回目である「巨大〝規制〟に挑む!――明かされる『バター不足』の闇――」(2016年11月22日放送)の内容を簡単にみてみよう。大きなストーリーは2つあるが、話が錯綜しているので、内容の順を入れ替えて整理してみる。

第1は、番組テーマそのものだが、指定団体制度が要因でバター不足が起きているというストーリーである。バター不足の根本には、乳製品向け生乳の大半を扱う北海道指定団体のホクレンが、乳価の低いバター向けではなく、乳価の高い飲用向けを優先して配乳しているために起きたと指摘する。

第2は、指定団体を経由しない生乳卸売業者に関するストーリーである。バターを求めるパン屋のために、卸売業者が、酪農家から生乳を集めてバターを製造しようとするが、卸売業者や卸売業者に生乳を販売しようとする酪農家が、指定団体から様々な圧力を受けるといった内容になっている。

そして、最後にこの2つのストーリーがつながり、指定団体制度改革で酪農家の生乳販売が自由になれば、生乳生産や酪農所得が増え、バター不足が解消されるであろうという安倍総理の会議上の発言で締められている。

率直な感想と随所に見られる単純な事実誤認

正直に告白すると、番組内容は部分的には知っていたが、通して見たのは、この原稿執筆時が初めてであった。そのうえで、今まさに非常に驚いているのが、規制改革会議(当時)が2016年3月に公表した指定団体制度廃止の「意見」の内容と、番組の基本的なストーリーとがウリふたつであるということである。似ているというより、それを忠実に映像化したような印象すら抱いた。

「ガイアの夜明け」は長時間労働問題といったまさに〝社会の闇〟に切り込む良質な番組であるが（２０１７年7月25日放送分など）、これでは御用番組とのそしりを免れないだろう。残念でならない。

それでも、番組取材班が事実を追って、たまたま規制改革会議と同じ結論に至ったという見方もできるかもしれない。しかし、少し調べれば分かるような簡単な事実誤認が多く、取材能力がないのか、あるいは意図的に事実を見ようとしないのか、いずれにしてもジャーナリズムとしては問題があると感じる。

例えば、ホクレン担当者がバター品薄時の消費者行動（買い占め）を一般的に指摘している発言を、ホクレンは意図的に品薄へ誘導していると読み取ったりしている。そもそもバター不足は、生乳生産量の減少と、当初の国家貿易にもとづく追加輸入量の不十分さが大きな背景と言えるが、番組ではそれに全く触れていない。

飲用向けを優先した結果、バターが足りなくなっているから、ホクレンは消費者を見ていないというが、飲用向けにも消費者はいるのである。牛乳を消費する人はどうでもいいのであろうか。全体として生乳が足りない以上、何を優先すべきかはシビアな問題である。消費頻度が高く、かつ海外から輸入できず、乳価の一番高い飲用向けを優先せざるを得ない判断は、消費と生産現場をバランスよく考えた農協らしい対応と言える。

　ホクレンから生乳卸売業者に契約を変えただけで乳価が上がったとの件も、確かに販売コストの差もあるが、最も大きなのは販売用途の違いである。卸売業者は高い飲用向け主体だが、ホクレンは乳製品向け主体である。生乳流通では基本的な用途別乳価にも触れていない（別の場面では触れているが）。また、不可思議なことに、補給金の交付対象が乳製品向けに限定されているということも、実は指摘していない。

指定団体制度と農協組織の問題の意図的な〝二重写し〟

　そして、最も重大なのが、指定団体制度によって酪農家に生乳販売の自由がないという指摘である。もしも、そうであるなら、卸売業者に生乳を売る酪農家や、札幌近郊で牛乳製造を行う農協も存在しないはずである。改めて指摘するが、指定団体制度上は、酪農家が指定団体共販を選択するのは義務ではない。もしも、自由に選択できないのだとしても、それは指定団体制度の問題ではない。

　この点に関しては、卸売業者と取引する（しようとする）乳業メーカーが指定団体から圧力を受けているとか、共販から離脱した（する）酪農家が他の飼料取引や融資面で不利益を受けているという内容もあった。あえて事実判定や理由には踏み込まないが、筆者としても、これらは非常に重大かつ深刻な問題と受け止めた。

地域独占的な市場占有率を有する指定団体、地域内のほとんどの農家がほぼ全ての農協事業を利用するのが普通であった農協のこれまでの状況からすると、こういった問題が起きていても不思議ではない。農協の地域における立場はこのような行為を誘発しやすいからこそ、関係者は注意し、自戒しなければならない。具体的には、組合員が部分的に農協事業を利用する場合の費用負担の明確化が必要だろう。

さて、少々脱線したが、こういった独占禁止法絡みの問題は、農協組織の問題である。協同組合精神との線引きは簡単ではないが、それはそれとして解決していかねばならない。問題なのは、農協組織の問題を既得権益の保持と絡めて、指定団体制度もその延長線上にある問題と一緒くたにしてしまうことである。

指定団体制度は、補給金交付をテコとした地域独占的な指定団体共販の展開を通じて、牛乳乳製品の安定供給と合理的な乳価形成を実現する制度である。求めている成果は、生産と消費に関わる公共性の高い内容である。政策手段として独占的な共販が望ましくないという意見表明なら、ではそのかわりにどうやって安定供給と乳価形成を図るかという建設的な議論になる。しかしながら、番組内容は、単に公的規制と一体化した農協を排除すれば未来があるという展望なき展望にとどまっており、業界関係者からすると〝焦土化〟の後の具体的な産業ビジョンを見いだせないのである。

2　全てを指定団体に結び付け問題の本質を回避*

「ガイアの夜明け」はこの問題の第二弾として2017年6月13日に「再び、巨大〝規制〟に挑む！―『バター不足』さらなる闇―」を放映した。これについて検討する。

6月放送――問題の要因は指定団体制度？

まず、第二弾の放送内容を簡単に振り返ってみる。順番は前後するが、大きく3つのパートから構成されている。

第1に、バターに関する国家貿易制度である。洋菓子店が国産バターの不足を補うべく、輸入バターを利用しているが、国家貿易を所管する農畜産業振興機構（ＡＬＩＣ）の取り扱う輸入バターの価格が不当に高すぎるのではという内容だ。

第2に、生乳卸売業者によるバター製造に向けた取り組みである。卸売業者から生乳を仕入れてバターを作りたいが指定団体との関係を気にして尻込みする乳業メーカーや、飲用乳向け乳価でバター製造を強いられるメーカーの話が出てくる。また、豪州の技術支援を受けて、卸売業者が国内にバター工場を建設する動きも紹介されている。

第3に、農協出荷から生乳卸売業者に生乳出荷先を切り替える酪農家の動きである。農協総会で生乳出荷量に応じて徴収される賦課金への反発や、酪農家が新たに設立した生産者団体を通じた地域ブランド牛乳の本州・海外展開の取り組みが取り上げられている。

第二弾の内容は、過激な描写が目立った第一弾と比較して、相対的に控えめな内容になっている。番組の最後には、指定団体制度といった「規制」は必ずしも悪いものではなく、牛乳乳製品の安定供給に寄与した面もあったとのコメントもあり、農協などからの反論を意識していると思われる箇所もあった。

ただし、依然として、生乳流通で生じている問題の要因を、短絡的に指定団体制度という「規制」に結びつける内容が目立った。

国家貿易による差益は酪農政策の財源に

まず、国家貿易制度に関する内容は非常にお粗末であった。これでは、農林水産省の〝天下り先〟であるALICが儲けるために、輸入バター価格を意図的に引き上げていると誤解する視聴者が出てきても仕方がない。

脱脂粉乳やバターの国家貿易は、①安価な乳製品の無秩序的な輸入を防いで国内の酪農経営を安定させるとともに、②国内市場で不足が発生した場合は不足量に応じて輸入できるようにする制度である（WTO協定にもとづく国際約束による輸入も担当）。あくまでも、この2つの目的を同時に達成するのが重要である。

よって、安い海外産バターをそのまま国内で流通させると①が成り立たないので、一定程度価格を上乗せし、国産価格と同等にして流通させることになる。

この際、輸入価格と国内向け販売価格との差益が発生するが、番組ではどういう訳か、その使途について触れていない。ALICが懐に仕舞い込んでいたら大問題だが、実際には補給金制度など酪農家への支払いに充てられる酪農政策の財源に使用されている。酪農政策に必要な税金の節約にもなっているわけであり、何の問題があろうか。

指定団体の力を現実より過大視

次に、バターに関する指定団体の生乳分配である。番組では、バターを製造したい乳業メーカーが、指定団体からバター向け乳価で生乳を販売してもらえず、飲用向け乳価でバターを製造している実態が紹介され、用途別乳価が機能していないと指摘した。

そもそも、高級スーパー相手に赤字になる価格でしかバターを売れない当該メーカーの経営判断の妥当性が気になるが、問題の本質はそこではない。

関東指定団体とメーカーとの契約内容が正確に分からないので、予想になるが、おそらく、飲用向けを優先して売り、その残りをバター向けとして売る契約と思われる。現在は生乳が基本的に足りないので、特に都府県では飲用向けを売った残り、バター向けに残る生乳はほとんどないと想像される。つまり、契約厳守だとメーカーにバター向け生乳を供給できない。だが、指定団体は、当該メーカーにむしろ配慮して、飲用向け乳価でのバター製造を黙認しているという状況なのではないだろうか。

大前提として、生乳のうち飲用向けに振り向ける量を決定しているのは、指定団体ではない。スーパーなどの量販店である。スーパーが乳業メーカーに牛乳の必要量を発注し、乳業メーカーが指定団体に飲用向け数量をそのまま伝えているだけだ。指定団体が自在に用途別数量を決定できる力を持ってはいない。どうも、こういった番組は指定団体の力を過大視する傾向にあるようで、その背後にいる量販店のバイイング・パワーをほとんど認識できていない。

また、関東指定団体の組合長の「なるべく高い飲用向けで売るのは当然」という発言をバター不足の要因として問題視しているが、一方で番組後半では、自分の生乳を飲用牛乳として売りたい（バターではなく！）酪農家が自身の売上増加のために指定団体に出荷しない動きは好意的に取り上げており、ダブル・スタンダードもいいところである。

フェアではない賦課金徴収問題の取り上げ方

最後に、指定団体から生乳出荷を切り替える酪農家に関する内容である。

北海道のある農協総会における賦課金徴収が取り上げられたが、ここもやはり番組で示された内容は説明不足感が否めない。これでは、農協が不当に農家から賦課金を徴収しようとしているようにしか見えないだろう。話題になった賦課金は営農指導事業に関するものであり、販売手数料ではない。もし販売手数料であれば、農協に出荷しないのに徴収されるのは明らかに不当である。番組では映像で一瞬示された資料を目ざとく読み取れば営農指導事業に関する賦課金と分かるが、それを明確に説明していないのでフェアな内容と言いがたい。

ただ、営農指導事業の賦課金は、一般的に、1組合員当たり同一単価と、耕地面積や生産量にもとづく傾斜単価との組み合わせで構成されているが、これが営農指導の手数料として妥当かどうかは議論が必要と思われる。営農指導による受益者負担の点から、不満をもつ組合員がいるのは理解できる。農協総会では十分な説明がされたと思いたいが、これからは農協事業を部分的に利用する組合員がさらに増えてくる中で、総合事業の核となる営農指導事業をどのような費用負担で運営していくか、問題提起としては重要であっただろう。

以上で分かるように、番組で取り上げられている生乳流通の問題は指定団体制度の問題ではないものが多い。とにかく、何でもかんでも指定団体制度という「規制」の問題に収斂させていくだけでは、問題の本質は決して見えず、マスメディアの姿勢として疑問である。

3　指定団体制度改革と農協共販*

これまで指定団体制度改革を取り上げたテレビ東京の番組「ガイアの夜明け」（「巨大〝規制〟に挑む！」第一弾および第二弾）の内容を批判的に検討してきた。ここでは、それらを受けて今回の改革の性格を考察し、改革に対してどのように対応していくべきかを述べたい。

指定団体制度の背景と目的

ここで、改めて指定団体制度設立の背景とその目的を確認しておく。

指定団体制度は、１９６６年度から運用されてきた加工原料乳補給金制度にもとづく制度である。輸入などによる牛乳乳製品供給の不安定さや不安定な乳価、共販組織の零細さによる不利な乳価形成に対処するため、補給金制度は設立された。すなわち、補給金制度の目的は、牛乳乳製品の安定供給と合理的な乳価形成である。そのため、酪農家への補給金交付事業と、国が輸入管理を行う国家貿易制度が導入された。

補給金の交付対象となる酪農家は、主に、①特に供給が不安定であった乳製品向け生乳を生産する酪農家、②「指定生乳生産者団体」（指定団体）に生乳を出荷する酪農家であった。特定地域の農協のうち、一定条件を満たしている1団体だけが補給金制度にもとづき指定団体とされる。これが指定団体制度である。

政府には、補給金交付要件として指定団体共販への参加を課すことで、酪農家に指定団体共販への結集を促す意図があったと言える。特定地域の大部分の生乳を取り扱う地域独占的な農協共販の形成を、政策的に誘導したのである。独占的な農協共販の展開を通じて、円滑かつ効率的な需給調整や乳価交渉力の強化といった補給金制度の目的を達成することが目指され、実際にかなりの程度は実現されてきたと思われる。政府は、指定団体共販の役割を重視し、政策目的実現のために農協共販を半世紀にわたって政策的に優遇してきた。これが、指定団体制度の内実である。

番組内容が示す指定団体制度改革の性格

さて、番組は以上の指定団体制度の内実を踏まえた内容になっていただろうか。番組における現状批判は以下の2つの側面にまとめられる。

第1に、事実にもとづいていない、あるいは意図的に事実を無視しているとしか思えない観点からの批判である。ホクレンが意図的にバター不足を起こしている（第一弾）、国家貿易制度を通じて輸入されるバターの価格〝吊り上げ〟（第二弾）といった指摘が該当する。

第2に、指定団体の独占的な生乳販売シェアに付随して生じている問題に関する批判である。これには、生乳卸売業者と取引をする乳業メーカーに指定団体が圧力をかけている（第一弾）、共販から離脱しようとする酪農家が飼料購入や融資の面で不利益を受けている（同）、ある単協における賦課金徴収の〝不公平さ〟（第二弾）といった指摘が当てはまる。

2つの批判に共通するのが、前述で述べた機能を発揮してきた指定団体制度を正面から批判していない点である。効率的な需給調整や乳価交渉力の強化そのものへの批判ではなく、むしろ、それらの不十分さを批判していると言えよう。

ただし、第1の観点からの批判は悪質なフレームアップの類であり、指定団体制度を批判するための批判と言っても過言ではない。よって、正確な事実にもとづいて反論すれば対応は容易と思われる。問題は、第2の観点からの批判である。だが、これも指定団体制度そのものへの批判ではない点に注意が必要である。指定団体制度を担っている農協の組織運営や他の主体との関係性の問題である。ただし、そういった問題の背景に、指定団体制度によって生じている指定団体の独占的な市場シェアがあるのは否定できない。

こう考えてみると、番組が問題にしているのは、牛乳乳製品の安定供給や乳価交渉力の強化といった指定団体制度の目的ではなく、生乳市場における指定団体（農協）の独占的な地位にあることが分かる。

これは、奇しくも、今回の指定団体制度改革の推進主体である規制改革推進会議（当初は規制改革会議）の問題意識とほぼ同一である。この点からも、番組内容と規制改革推進会議の主張との一体性が際立ち、ある種の異様さを感じさせる根拠になっている。

それはともかくとして、今回の改革は、酪農家の所得拡大とかバター不足の解消とか酪農家の販売選択肢の拡充といった大義名分のもと推し進められてきた。しかし、筆者も含めた多くの関係者にとって、改革の内容と大義名分がどのように結びつくのか判然としなかったのではないだろうか。これら〝錦の御旗〟が、農協の独占的地位の打破という改革の本当の狙いを覆い隠す役割を果たしていたとすれば、合点がいく。

農協共販の役割は今後も重要

今回の指定団体制度改革によって、2018年4月以降は、補給金交付要件から指定団体への出荷要件が除外されるとともに、これまでの全量委託原則が廃止され、部分委託が基本的に可能となる。具体的には、指定団体に出荷しなくても補給金を受給でき、そして指定団体に出荷しつつ他のルートでも生乳を販売できるようになる。要は、政策手段として独占的な農協共販を形成することを否定する点に、改革の力点が置かれたと言える。

そこで問題となるのは、独占的な農協共販に頼らず、どのように牛乳乳製品を安定供給し、合理的な乳価形成を達成するかである。規制改革推進会議、そして政府はこの点を明確にしていない。おそらく、生乳の売買環境をより競争的にすれば、市場メカニズムによって供給と乳価が自ずと合理的に調整されると考えているのであろう。前提として、自由な競争を押しとどめているのが農協という理解だ。だが、話はそう単純ではない。市場メカニズムで調整できないからこそ、これまで競争抑制的な生乳流通制度が構築されてきたのであって、制度が市場メカニズムの作用を阻害しているわけではない。今後も、牛乳乳製品の安定供給と乳価形成の面で、農協共販の果たす役割は重要であり続ける。国の酪農政策に過大な期待ができない現状ではなおさらである。この点をしっかりと押さえておく必要があろう。

なお、最後に改めて指摘しておくと、指定団体制度の是非に関わらず、第２の観点からの批判に関わる問題点、すなわち独占禁止法の優越的地位の濫用に抵触しかねない事項への対処は早急に行うべきである。こういった問題が継続すれば、農協の高い市場シェア自体が問題にされかねず、農協組織の分割や連合会の株式会社化といった議論に拍車をかけかねない。言うまでもなく、農協の力の源泉は生産者の幅広い結集にある。対応を誤れば、農協組織、つまり農業生産者にとって致命傷となりかねないことを肝に銘じるべきである。

4　その波紋――公取委による阿寒農協への「注意」＊＊

ここまでは「ガイアの夜明け」が取り上げたバター不足に絡む指定団体制度批判について論点を整理してきた。その後、２回目の放送（２０１７年６月13日）に「悪役」として登場した阿寒農協に対して公正取引委員会（以下、公取委）から「注意文書」（10月６日付）が出された。そこで、以下では

「番外編」としてこの「注意」の問題性を指摘してみたい。なお、新聞報道もなされているので、関係者は実名としている。

「ガイアの夜明け」の主張を丸呑みの公取委の「注意」

この2回目の放送のなかで主人公の一つとして登場しているのが福仁畜産である。この経営は、酪農地帯に位置する釧路管内の阿寒農協（正組合員154人）の組合員であるが、2017年6月4日からMMJ（ミルク・マーケット・ジャパン）に生乳出荷を開始する（日経新聞2017年6月4日）。舞台はその2日前の6月2日の阿寒農協の総会である。議案のうち大きな論点は、営農指導部門の赤字を解消するために、営農賦課金に「販売割」を導入してその総額を大幅に引き上げることにあった。これによる組合員負担増は、ほぼ同額の販売手数料の引き下げで相殺する処置を取ることになっていた。

しかし、MMJへ出荷する予定の福仁畜産には販売手数料引き下げの恩恵がない。系統外出荷に対する制裁であるというのが、本人およびそれに同調するテレビの主張である。一般組合員からの「販売割」賦課金導入反対の意見もあったが、この組合員は9月からMMJに出荷を始めた7戸（釧路新聞17年9月3日）のうちの一人であろう。

今回の公取委の判定もこの「論理」を踏襲しており、公開された「注意文書」の参考として添付された「参考1」（**図5・1**）にもそれが現れている。

公取委の動きは早く、放送日の1週間後には農協への問い合わせを行っており、6月下旬と7月中旬に賦課金の増徴に関する事情聴取を行ったという（産経新聞17年7月25日）。福仁畜産が公取に改善指導の申立を行ったのが7月24日であるから（日経新聞17年7月25日）、公取委の動きは独自のものだった。しかし、公取委は2回の調査で独禁法上の問題を指摘するほどの証拠を得たわけではなく、次に見るようにお粗末な根拠による「優越的地位の濫用」に「注意」を発した。農協の側も9月になって理事会で賦課金の徴収を一時停止するという休戦の態度に出たため、公取委も矛先を納める格好となったようである。「注意」は一般的には改善命令や警告とは異なり公表されないが、10月6日に公表された。異例なことである。

農協は優越的地位をもっているか？――「注意」の根拠

公取委による独禁法違反に対する法的処置は排除処置命

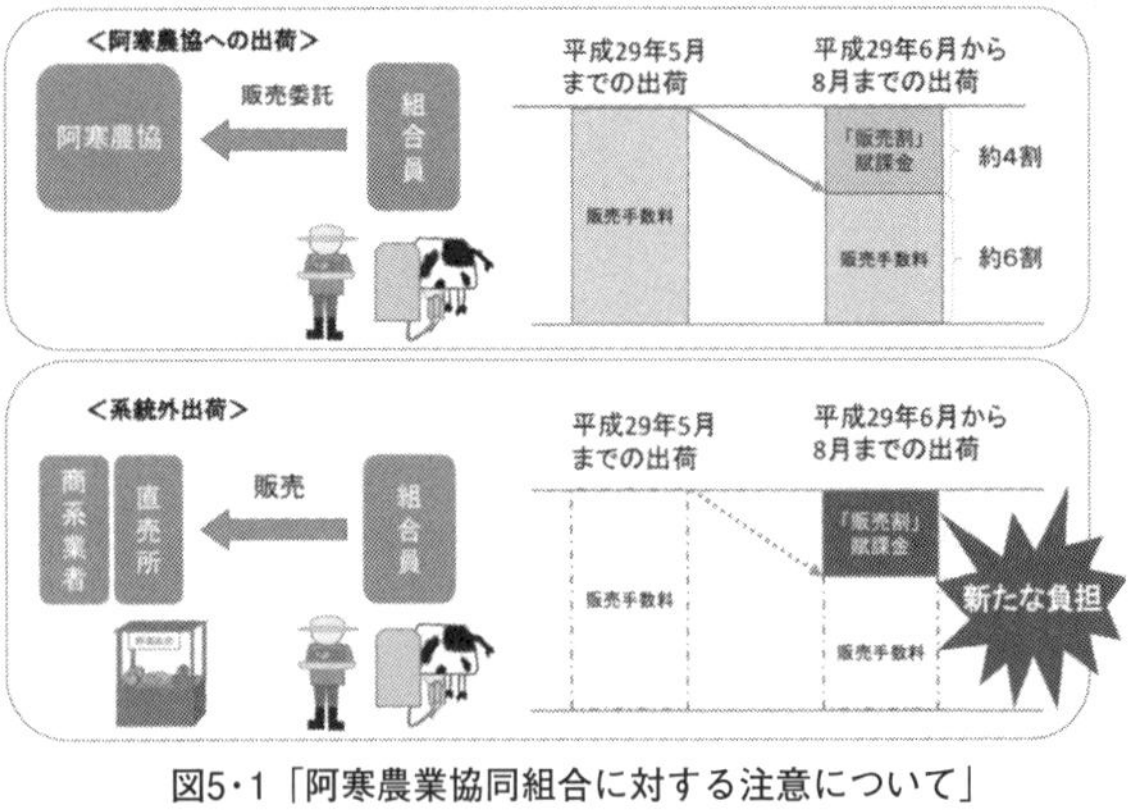

図5・1「阿寒農業協同組合に対する注意について」

注：参考1（公正取引委員会 平成29（2017）年10月6日）を引用。

令であり（行政処分）、グレーの場合には警告（行政指導）となる。２００７年には農協ガイドラインが策定されて、違反行為の未然防止が行われてきた。しかし、さらに「違反行為の存在を疑うに足る証拠が得られないが、違反につながるおそれがある行為がみられたときには、未然防止を図る観点から」「注意」を行うといういささか乱暴な指導を行うようになっている。農協に関するものは２０１２年から16年3月までで24件にのぼる（規制改革会議第35回農業WG資料）。そして、告発窓口やタスクフォースを新設して違法行為に対する積極的な取締を実施することが表明されている。

今回の「注意」もこうした流れの中で行われたものである。阿寒農協が組合員に対して優越した地位を有しており、その力で一部の組合員に不利益（差別的な営農賦課金の増額）を与えたとされる（ただし、全ての文書の末尾には「可能性」、「おそれ」がついていて、断定していない）。

しかし、優越的地位の根拠は「組合員は、農畜産物の共同販売事業以外にも、飼料等の共同購買事業、信用事業等、阿寒農協の事業に依存している場合があり、阿寒農協の地区においては、他に代わり得る農業協同組合は存在しない」からだという（「注意文書」）。代わりの農協が無いというのは論外としても、事業区域は釧路市であり、金融機関は多数存在する。また、生産資材の中心である飼料購入の農協シェアーは5割程度と思われるが、農協以外の飼料会社からの代金決済も組合員勘定で行っている。これが、独占的地位なのだろうか。事業利用における組合員の農協離れが問題化している実態を知らない議論である。

農協とアウトサイダーの問題なのか？

賦課金徴収は、農協法17条および農協の定款により認められているが、手数料の減額と合わせて行ったことを公取委は問題としている。これが農協による制裁処置と見られているのである。しかし、対立の構図は農協VS.系統外出荷組合員ではなく、共販を行っている組合員VS.系統外出荷組合員である。

一元集荷に対しては、従来から自分の生産した牛乳を単品で消費者に届けたい、チーズなどの自家加工をしたいなど農家の個性を発揮するための改革を望む声があり、ある程度それが実現されてきた。しかし、新手の生乳卸は生乳不足局面での差益を獲得するブローカーであり、そこへの出荷は「価格」メリットのみを求めたものである。これは共販を行っている組合員にすれば許しがたいことであり、農協の行動はこうした組合員の声を反映したものであることは想像に難くない。

農産物の需給調整の手段として加工があるが、ワインもジュースも専用種の時代となり、残されたのは生乳ぐらいである。この調整は輸入を含めて複雑であるが、現在の制度は依然としてベターであり、規制改革推進会議と「安倍の一言」で農水省も畜安法の改正にいやいや同意したという（田代洋一「農業競争力強化プログラムは何を狙うか」『文化連情報』２０１７年8月）。

プール乳価も個々の酪農家にとってみれば、乳牛の飼養形態や乳質、立地の相違などで用途別乳価や運賃負担など不満があるに違いない。そのなかで、有機牛乳など生産者を区分した販売も出回るようになっている。こうした制度内での漸進的な努力は馬鹿にされるべきではない。何でも個別化してしまえば、宅急便のような落とし穴に陥るのである。

不足払い制度は決して制度が先行してできあがったものではない。需要拡大期の雪印、明治、森永による三つ巴の集乳合戦による地域対立や部落分裂などを経て、徐々にその体制が整ってきたのである。農家の対立は会社を利するというのが歴史的な教訓である。この点は肝に命じるべきであり、不足が過剰に転じた後の対応も協同組合的に準備しておく必要があろう。

賦課金をどう捉えるのか？

今回の賦課金の増徴は、部門別損益における営農指導費の自賄い化をすすめることを目標としている。農協の部門別損益をみると（表5・1）、営農指導事業は事業総利益③では1、700万円の黒字であるが、事業管理費④が1億円（人件費8、000万円）ほどかかっていて、事業利益⑤では8、500万円ほどの赤字であった（2016年）。賦課金徴

表5・1　農協の部門別損益計算書

年度		2016年					2017年（予算）
区分		合計	信用事業	共済事業	農業関連事業	営農指導事業	営農指導事業
事業収益	①	4,060,049	288,098	104,504	3,593,670	73,777	85,622
事業費用	②	3,362,067	-37,309	7,767	3,334,825	56,784	38,802
事業総利益③	①－②	697,982	325,407	96,737	258,825	16,993	46,820
事業管理費	④	544,908	235,407	77,161	130,204	102,232	
事業利益⑤	③－④	153,074	90,096	19,576	128,641	-85,239	
経常利益⑥	:*1	197,741	111,461	27,249	139,917	-80,886	
税引前当期利益Ⅰ⑦	*2	194,915	110,140	26,838	139,181	-81,244	
営農指導事業分配賦額	⑧	-	-32,498	-4,062	-44,684	81,244	
税引前当期利益Ⅱ⑨	⑦－⑧	194,915	77,642	22,776	94,497	0	

注1）農協業務報告書により作成。
　2）事業管理費には、共通管理費133,543千円（プラス減価償却費5,109千円）を含む。
　3）*1＝⑤－事業外損益
　4）*2＝⑥－特別損益

収を6、000万円増加することにより、赤字を2、000万円程度に圧縮することがねらわれた。ただし、賦課金改正の実施は7月であり、2017年度の増額は3、000万円を見込んでいた。この農協は旧釧路市農協という都市型農協を2001年に吸収合併しており、営農賦課金の赤字の部門別配分を行うことは、信用・共済部門については准組合員（6183人）に対し営農費の負担をかけることにもなる。営農賦課金の独立採算化はその是正の意味を持っている。

改正前の営農指導事業の収益の中心は中山間地直接支払いの事務手数料4、000万円と事業補助金の2、500万円であるが、後者は殆どが補助事業費（再エネ事業、ET判別精液）であり、独自の財源は中山間地直接支払いであった（**表5・2**）。支出については、補助事業を除くと営農改善指導費（主に酪農振興対策費）2、500万円が中心である。これに営農指導担当者の人件費を中心とする

表5・2　営農指導事業の収支

単位：千円

		2016年実績	2017年計画	備考
収入	合計	73,777	85,622	
賦課金	小計	3,130	34,821	
	組合員割	3,130	1,660	正組合員1万円、団体6千円
	戸数割		1,410	個人1万円、法人2万円
	販売割		31,751	
実費収入		3,679	1,791	農協事業など
受託指導収入		40,667	34,722	中山間地事務手数料
事業補助金		26,301	14,288	再エネ事業、ET判別など
支出		56,784	38,802	
営農改善指導費		24,902	18,086	
教育情報費		3,077	3,100	
生活改善費		1,247	1,305	
営農指導雑支出		2,533	2,383	
補助事業費		25,025	13,928	
差し引き		16,993	46,820	

注）表5・1に同じ。

事業管理費1億円がかかっている。この対価が本来営農賦課金によって賄われるべきものである。中山間直接支払いは農家への支払いの他に営農費としても活用されているのである。

賦課金をほとんど徴収していなかった経緯は不明であるが、酪農地帯を中心に販売割による賦課金徴収方式を取る農協は阿寒を含め15農協あり、その導入には問題はないといえよう。

従来の賦課金は組合員割（一人１万円）であったが、戸数割と販売割が加わった。この販売割の負担増部分を販売手数料の減額によって相殺したから、２０１６年と２０１７年の手数料の差がおよその販売割の額となる（**表５・３**）。生乳がおよそ２、０００万円、個体販売が３５０万円、肉牛が３７０万円であり、酪農畜産で２、７００万円となる。野菜はわずかで42万円に過ぎない。公取委の「注意」では、野菜農家からの賦課金徴収を行っていないことを指

表 5・3　販売取扱い実績・予算と手数料の変化

		取扱高		手数料			手数料率	
		2016 実績	2017 予算	2016 実績	2017 予算	差引	2016	2017年 7月～
生乳		4,665	4,851	63,664	43,720	19,944	1.24 円/kg	0.74 円/kg
酪農個体	乳用牛	199	204	3,498	2,657	841	1.90%	1.10%
	育成牛	99	94	1,755	1,235	520		
	初生とく	509	484	8,938	5,857	3,081		
	大中とく	253	408	1,831	2,772	-941	1,500 円/頭	900 円/頭
	小計	1,060	1,190	16,022	12,521	3,501		
肉牛	肉素牛	1,310	1,573	6,659	4,485	2,174	1,500 円/頭	900 円/頭
	肉専用種	245	279	653	534	119		
	廃牛	203	179	3,598	2,157	1,441	1.90%	1.10%
	小計	1,758	2,031	10,910	7,176	3,734		
馬		36	35	708	362	346	1.90%	1.10%
畜産小計		7,524	8,109	91,304	63,779	27,525		
野菜		125	150	2,228	1,804	424	1.90%	1.10%
合計		7,649	8,259	93,532	65,583	27,949		

注）表 5・1 に同じ。

摘しているが、金額的には問題にならない。

農協も設立から70年が経過し、組合員の経営も大きく分化し、生産部会などに依拠する工夫が見られるようになった。しかし、組合員による農協利用と負担のあり方には齟齬が現れており、社会的にみても妥当なルール化が求められる時期に来ていると言えよう。

【関連研究】

（1）清水池義治「指定団体制度化の生乳流通による市場成果と今後の可能性―北海道を対象に―」『フロンティア農業経済研究』第20巻2号、2018

（2）清水池義治「改正畜安法の先に見える世界」『酪農乳業速報』（2018新春特集）、2018

【参考文献】

（1）大東泰雄「独禁法事例速報　農協による組合員からの賦課金徴収等と優越的地位の濫用――阿寒農業協同組合に対する注意」『ジュリスト』1515号、2018

（2）高瀬雅男「判例批評　阿寒農業協同組合に対する注意について」『行政社会論集』30巻4号、31巻2号、2018

（3）谷口道郎・小室尚彦・中里浩「事件解説　阿寒農業協同組合に対する注意について」『公正取引』814号、2018

II　倫理的消費を拡大する

山本謙治

1　倫理的消費の拡大と社会的受容層

日本の食べ物は安すぎる！

ここでは、これまでの協同組合に関する議論とはまた違った角度から話を展開する。農協だけではなく、すべての第一次産業が直面しているのが、価格決定権を遵守できなくなりつつあるという価格問題である。

１９８０年代のバブル崩壊、そして１９９０年代のリーマンショック等を経て、日本経済はデフレ傾向を基調としている。その結果、消費者の節約志向と小売や外食の低価格化が進展し、食料の第一次産業に従事する生産者の手取り額が減少している。不況により消費者の購買欲も減退しており、低価格が求められているからである。小売業者や製造業者などの第一次産業の買い手企業は、一次産品を安く求めようと価格交渉をするし、生産者よりもバイイングパワーの方が圧倒的に強いため、価格決定のイニシアチブはおおむね買い手にある。現在の市場価格は生産者の再生産価格を考慮してはおらず、需要と供給のバランスで価格決定される傾向があるため、時には生産者の再生産価格を下回るような取引価格になることもある。再生産可能な価格を得ることができなければ、健全なる食料生産を行うことができず、生産者の減少に歯止めをかけることができない。

このように食料の第一次生産者にとって厳しい経営環境を改善するためには、消費者が支払う代金を上昇させる施策と、補助金等の公的拠出に関しても納得してもらう世論の醸成が必要である。ただし、前章の生乳指定団体制度に関する世論のあり方を観てもわかるとおり、これまで第一次生産者側から消費者に対するはたらきかけで、世論の醸成に成功したものは顕著にはみられない。

ただし、変化の予兆はある。それが「倫理的消費の拡大」というテーマである。倫理的消費が日本に拡がり、生産者が消費者の求める倫理に準じた生産を行うことで、価格決定のバランスが是正される可能性がある。ここではその予兆について概観と課題を示したい。

倫理的消費とは？

欧米では１９７０年代より「倫理的消費 ethical consumption」や「倫理的調達 ethical sourcing」の議論がなされてきた。倫理的消費についての明確な定義づけはされていないのが実情だが、倫理的消費には様々な要素が含まれる。例えば倫理的消費について初期から調査・出版・コンサルティングを行ってきたEthical Consumer Research Associationでは、アニマルウェルフェア、消費者運動、企業監視、代替経済、環境保護、フェアトレードが特に取り組むべきテーマとして採り上げられている。日本人にもわかりやすく倫理的消費のカテゴリを表すと、以下のようになるだろう。

環境問題・サステナビリティ

ヨーロッパ、特にドイツで顕著にみられるのが、環境負荷の低減につながる生活様式をとることと、それに資する製品・サービスを優先的に購入するという消費行動である。また近年、ニホンウナギや太平洋クロマグロ等の水産資源の減少から、資源の「持続可能性 sustainability」も環境問題の一部として捉えられている。

フェアトレード

開発途上国の商品を、生産者が持続的に発展できる価格で購入する取り組みであるフェアトレードは、1946年にアメリカの団体がプエルトリコから刺繍製品の購入を始めたのが起源と言われ、1970代年に欧米で大きく拡大した。1980年代には主だった団体が連携して国際組織を形作り、第三者認証を前提としたトレードと監視の仕組みを構築している。

人権・労働者の権利問題

日本でここ数年、いわゆる〝ブラック労働問題〟が議論を呼んでいるが、欧米では児童労働や事実上の奴隷労働、労働者の人権問題について継続的に議論され、エシカルな話題の中心にあった。

アニマルウェルフェア

人における基本的人権と同じく、動物も相応の幸福を得るべきという考え方がアニマルウェルフェア（ＡＷ）である。ヨーロッパでは動物に対する保護意識が高く、イギリスでは１８００年代に王立の動物虐待防止協会なる組織が成立していた。そうした下地があったところに、１９６０～70年代に工業的畜産を批判するルース・ハリソン著「アニマル・マシーン」や、動物の権利を謳うピーター・シンガー著「動物の開放」といった本が大きな話題となり、ＡＷを推進すべしという世論を動かした。以来、ＥＵにおける畜産政策にはかならずＡＷに関わるさまざまな決まり事が盛り込まれ、年々新たに厳しめのルールが生まれている。

これら倫理的消費がなぜ生産者の価格問題に関わるのかというと、倫理的消費をベースにした消費マーケットが形成されており、そこに対応した商品・サービスを投入することで、買い手に価格主導権がある従来の取引に対する新たな選択肢を見つけられる可能性があるからである。

ヨーロッパ・米国の倫理的消費拡大の状況

先に触れたとおり、倫理的消費をベースにした消費マーケットは近年、主に欧米で伸張・拡大している。その状況をオーガニック市場、アニマルウェルフェア、フェアトレードの三局面から観てみよう。

倫理的消費の現場では、環境保全型農業であり低投入型のオーガニック農業や食品を倫理的消費に適合したものとして観るのが普通である。その市場は明らかに拡大している。２０１６年２月に農林水産省が発表した「オーガニック・エコ農業の拡大に向けて」という資料では、欧米のオーガニック市場は年率６～８％で拡大しており、欧州と北米でそれぞれ３兆円以上の市場が創出されているとされている。また中国・韓国でもその市場規模は拡大が続いており、中国は２００９年から２０１３年で市場規模が三倍に拡大し、韓国では有機農産物の出荷量が毎年36％も拡大しているという。この資料の数字は２０１３年現在だが、欧州と北米についてはその後、それぞれ４兆円を超える市場規模に到達したと言われている。ここでいうオーガニックは農産物や食品に限ったものではなく、コスメやアパレルなどの関連市場も含めたものだ。欧米やアジアの主要国においてオーガニックは巨大市場となっていることがわかる。

アニマルウェルフェアに準じた畜産においては、以下にあげる「５つの自由」、すなわち①飢餓と渇きからの自由、②苦痛・障害または疾病からの自由、③恐怖および苦悩からの自由、④物理的・熱の不快さからの自由、⑤正常な行動ができる自由、を家畜のために確保しなければならないとされる。アニマルウェルフェアは単なる観念ではなく、この５つの自由を遵守するための具体的なルールがセットになっている。

当初はそうしたルールは各国が独自に定めていたが、ＥＵが形成されて以降は、ＥＵ法という一律に課される制度の中でアニマルウェルフェアのルールが設定されてきた。例えば日本では養鶏（採卵鶏）で99％以上採用されているバタリーケージでの飼育は、ＥＵでは２０１２年より禁止となっており、改良型ケージまたは平飼い、放し飼いへ移行することとされている。国別でいうと、例えばスイスではケージ飼育そのものがなくなり、ドイツでは２０２５年には改良型ケージであっても禁止となる予定である。

ＥＵ圏内の多くの国では、こうした動きは消費者から支持されており、コスト上昇に伴う価格上昇も受け入れられているのが実情である。

フェアトレード製品はコーヒー豆・カカオ豆と言った第一次産品から、それらを加工した商品等にまで拡大しており、これを取り扱うことで倫理的消費志向のある消費者へアクセスしたい事業者が、フェアトレード認証を取得する流れとなっている。

国際的なフェアトレード組織であるフェアトレード・インターナショナルによれば、２０１６年の段階で推定市場規模は約78億8千万ユーロ（およそ1兆円）に達し、フェアトレードに参画する生産者組織は世界73か国、1，４１１以上、人数にして１６０万人の小規模農家・労働者となっているという。

欧米ではこれら倫理的消費への対応が付加価値の源泉となっており、生産者やメーカーの取り組み意欲は旺盛である。ドイツの地方都市ニュルンベルグで毎年開催される、世界最大規模のオーガニック商品の見本市であるＢＩＯＦＡＣＨというイベントがある。２０１８年2月14～17日に開催された本エキスポは、同時開催されたオーガニックコスメの見本市であるＶＩＶＡＮＥＳＳと合わせると、世界93

か国から集まった出展者が3,218業者（過去最大）、来場者は134か国から約5万人が集まったと速報されている。筆者も足を運んだが、停滞する一般食品マーケットに比べ、倫理的消費をターゲットにしたこの市場はまだまだ拡大基調にある。

日本で倫理的消費は可能か？

対して日本の状況はどうか。環境問題の分野では、CO_2等の環境排出の取り組みについては一定の評価を得ているものの、資源の持続可能性の問題では、特に太平洋クロマグロやニホンウナギといった水産資源を巡り、欧米から非難を浴びている状態である。

アニマルウェルフェアについての取り組みも非常に鈍い。欧米で進展する養鶏のケージフリー化はその端緒にも就いておらず、採卵鶏市場の99％がEUでは禁止されている従来型のバタリーケージを使用している。

国内のフェアトレードについては市場規模は68億円に留まっており、欧米の取り組み額から比べると低い。大手の加工食品メーカーや小売業者が継続的に取り組む事例が少ないからだとされている。

2　日本で倫理的消費を拡大するために何が必要か

以上みたように、欧米で倫理的消費のマーケットが拡大している中、日本の動きは鈍い。環境問題や資源の持続可能性、フェアトレードやアニマルウェルフェアについて、日本が国際的に際立った役割を果たしているとは言いがたい状況である。では、欧米ではどのようにして倫理的消費が受け入れられる土壌が生まれたのか。これを調査するため、２０１４～15年の二回にわたり、イギリスの第一次産業従事者、流通業者、政府関係者の調査を実施した。その結果、イギリス社会では日本にはなじみのない「キャンペイナー」と呼ばれる主体の存在が、倫理的消費の普及に大きく寄与していることがわかった。

欧州におけるキャンペイナーの役割

キャンペイナーとは、様々な分野に存在する倫理的問題を発見し、それを社会に対し問題提起する役割を果たす主体である（図５・２）。日本語で「活動家」と訳されることが多いが、日本で活動家というと、特定の思想運動に携わる主体という意味にとられがちである。しかしイギリスにおけるキャンペイナーの位置付けはもっと広く、対象とする問題も広範である。

たとえばＳＵＳＴＡＩＮというＮＰＯは、２０１２年のロンドンオリンピック開催にあたり、持続可能性を確保した大会運営を行うために大きな役割を果たしたキャンペイナー組織である。同オリンピックの食品調達基準では持続的可能な漁法で漁獲された水産物を扱うことが推奨され、持続可能性が担保されたＭＳＣ認証製品の利用が推進された。オリンピックの終了後もこの動きは継続され、ＳＵＳＴＡＩＮは「サステナブル・シーフード・シティ」というプロジェクトを継続している。このプロジェクトの目的は、都市における水産物の消費で、持続可能な漁業で漁獲された製品の利用を推進することである。プロジェクトに賛同した都市では、公的機関や大学、レストランやパブ、スーパーマーケットなどに持続可能な水産物（例えばＭＳＣ認証製品）を扱うことを勧める。そして、実際に当該都市で使用される水産物の一定水準が持続的な水産物に切り替えられた場合に「ポイント」を付与し、そのポイントが一定水準を超すと「サステナブル・フィッシュ・シティー」として顕彰するというプロジェクトである。現在、イギリス国内の15都市が参加しており、拡大中である。

　重要なのは、このプロジェクトで大きな役割を果たしているのがキャンペイナーであることである。プロジェクトリーダーであるＳＵＳＴＡＩＮが、イギリス各地で活動するローカルレベルの

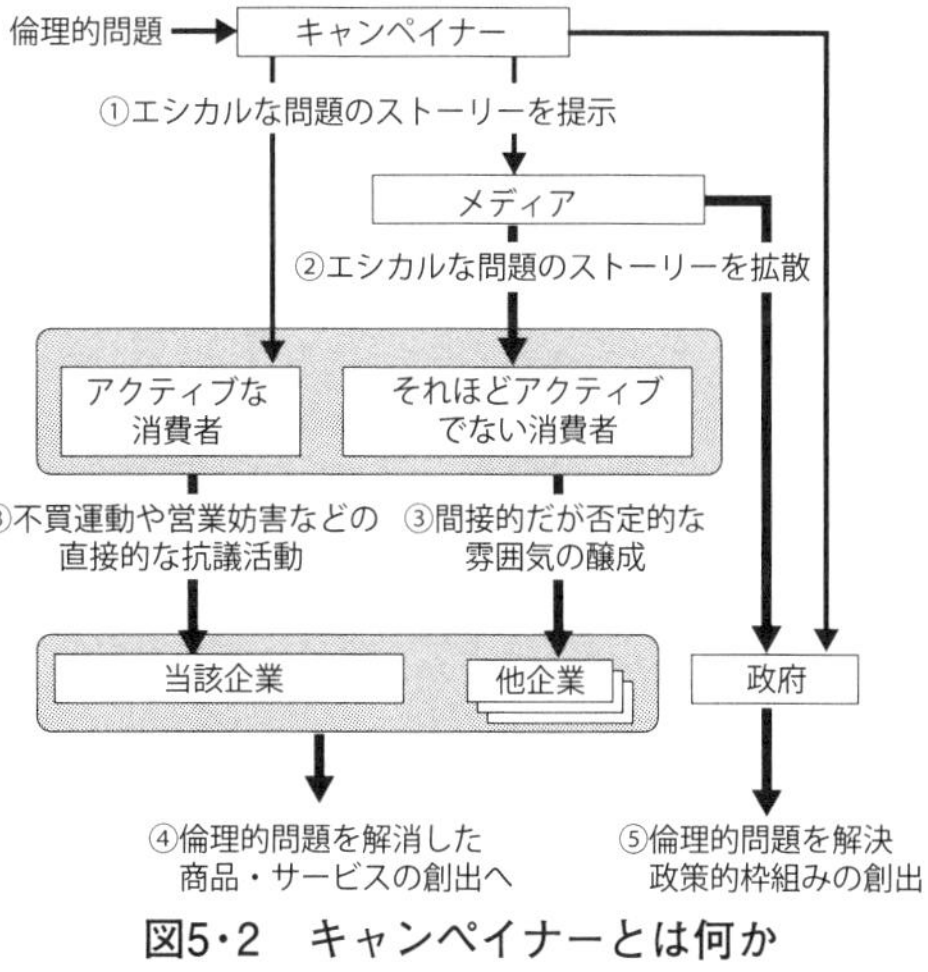

図5･2　キャンペイナーとは何か

注）筆者による作成。

キャンペイナーと協調してこのプロジェクトを推進したことで、プロジェクトは全国的な運動になったといえる。このように、キャンペイナーは倫理的問題を社会に問題提起するのみならず、その解決方法を提案し、実行する主体としても機能している。

イギリス社会におけるキャンペイナーの位置づけは大きい。その背景には、キャンペイナーが独自の活動を行うために資金が提供される仕組みがある。キャンペイナーの活動原資は多くの場合、チャリティ団体からの予算提供でまかなわれるのが普通である。チャリティ団体とは企業などから寄付を受けファンドを設け、社会貢献活動に交付する団体である。企業はチャリティ団体に寄付をすることで免税されることから、多額の予算がチャリティ団体に集まるようになっている。全国のキャンペイナーはプロジェクトを企画立案し、チャリティ団体に応募し、採択されることで活動原資を確保している。先のＳＵＳＴＡＩＮの２０１３年度予算はおよそ２０９万ポンドであり、そのほとんどがチャリティ団体からの交付金である。

このようにイギリス社会においては、倫理的消費の発見と問題提起を行い、問題解決へと向かう道筋をたてる役割を担うキャンペイナーという主体が活動できる素地が整っている。このことが、倫理的消費に対し敏感に反応する社会を形成する一助となっていると考えられる。

日本における倫理的消費のプレーヤーの特徴

イギリスにおけるキャンペイナーのあり方は、日本のそれとは微妙に異なると考えられる。日本においては１９６０年代より、全共闘など学生運動を主体とする社会運動が展開された。１９７０年代には有吉佐和子が著した『複合汚染』による環境問題の告発と、これに対する有機農業運動や産消提携運動が興った。また、企業に対し問題の告発や不買運動を展開する消費者運動も活発化した。

こうした動きの中で、生活協同組合組織の役割が強化され、また「大地を守る会」や「らでぃっしゅぼーや」といった有機農産物・無添加食材の専門流通事業体が生まれた。こうした組織には環境問題や健康問題等の社会問題に対応した商品の提供が求められ、その商品の製造過程では社会的問題の解決に対応することが前提だった。環境問題・健康問題へのアプローチとして農薬・化学肥料を使用しない農産物が求められるが、その分のリスクを背負う農家には、増加する生産コストを補償する価格方式が採用された。事業体によってはフェアトレードを積極的に導入し、アニマルウェルフェア的な畜産の推進も行ってきた。こうした専門流通事業体が倫理的消費の主たる担い手であり、日本の倫理的消費の発展に寄与したことは間違いないだろう。

イギリスにおけるキャンペイナーと日本の専門流通事業体の大きな違いは、後者が純然たるビジネスからの利益によって倫理的消費に貢献してきたことである。日本にはキャンペイナーに潤沢な資金を提供するスキームが存在していないため、倫理的消費を問題視する事業体自らが資金を拠出して運動を行うより他はなかったのである。このため、日本社会全体の景気の乱高下によって大きく状況は変わってしまう。1993年のバブル景気の崩壊や、2008年のリーマンショック等の経済危機のたび、日本の専門流通事業体は大きく揺さぶられ、倫理的消費の推進の前に自らの経営を安定させることに注力せざるを得ない状況にあるとも言える。

日本の倫理的消費を推進するために

現在、日本における生協組織の多くは単体での事業継続ではなく、広域連携しての存続を模索している。また、専門流通事業体の二大巨頭だった大地を守る会とらでぃっしゅぼーやは、大地を守る会が2017年、らでぃっしゅぼーやが2018年に、上場企業であるオイシックスに統合され「オイシックス・ラ・大地」という経営体に生まれ変わった。生協も専門流通事業体も、どちらもデフレ経済下の厳しい環境の中での経営が求められている。積極的に倫理的消費を推進し社会を先導する余裕があるかというと、疑問でもある。

そうした意味では、日本においてこれまで以上に倫理的消費を推進するためには、イギリスにおけるキャンペイナーのように、社会的に独立した倫理的消費の普及活動を可能とする主体、いわば日本型キャンペイナーの出現が必要である。また、そうした主体が活動できる経済的基盤を提供できる、イギリスにおけるチャリティ団体のような枠組みの成立が望まれる。

現在の日本社会では、企業が労働者に対し不当に厳しい労働を課すブラック労働問題が議論を呼び、また太平洋クロマグロやニホンウナギの漁獲減少問題に触れる報道も増え、議論の場が形成されるようになりつつある。また、２０２０年に開催が迫った東京オリンピック・パラリンピックも、倫理的・持続的な大会運営を旨としていることから、倫理的問題に対する議論がなされる機会も増えるだろう。

一方で、すでに述べたように、第一次産業にとって厳しい経営環境が続き、厳しい世間のまなざしが注がれている。倫理的消費の広がりによって、第一次産業従事者にとっても環境の維持や安全な食料生産といった、倫理的役割を社会に訴求できる可能性がある。そのためには、イギリスでキャンペイナーの活動が倫理的消費の拡大に貢献したように、これまでの専門流通事業体とは異なる日本型キャンペイナーの成立がキーになるかもしれない。

【関連研究】

(1)山本謙治『激安食品の落とし穴』角川書店、２０１５
(2)山本謙治・小林国之・坂下明彦「イギリスの倫理的消費の社会化過程におけるキャンペイナーの役割」『農業経済研究』88巻4号、２０１７
(3)山本謙治『炎の牛肉教室』講談社現代新書、２０１７

おわりに――変化の中での農協の新たなかたち

坂下明彦

現在の北海道農業を考える場合、その焦点はやはり人口問題であろう。農家戸数、すなわち組合員戸数が急速に減少する中で、農協は残った組合員の規模拡大を支援することにより地域農業の産出量を確保し、経済事業規模を維持してきた。温暖化はクリーン農業の看板を壊しかねないが、当面単収のアップに作用し、農畜産物の価格条件も米価を除けば１９８５年の水準を上回っている。しかし、吹き荒れる農協攻撃がＴＰＰをめぐる攻防を契機としていたことを考えれば、全く予断は許されず、さらなる農協の進化が必要である。

以下では、北海道の農村が大きく変容するなかで、これまで北海道の農協の特徴とされてきた営農中心の事業体制をさらに強化するとともに、もう一回り大きな営農・生活複合体制への移行を目指すべきことを述べてみる。

農村の変化と農協の新しい活動領域

師走にはいった2018年の12月2日、空知の栗山町で「湯地の丘」町内会の設立総会が開催された。農村部での新たな町内会の設立はレアケースであるが、ここに集まったのは町が丘の景観を「売り」として分譲した宅地を購入し、家を建て、移住してきた人たちである。その数16戸、すでに38区画のうち半数以上が売却ずみである。かく言う私も体験用モデルハウスを中古で購入し、この「外人部落」に片足を入れている。関東圏からの移住者も複数戸おり、小学生が随分多いと草分けの初代会長の青木隆夫さんは自慢げである。

身近な例で騒ぎ過ぎと言われるかもしれないが、都市から、あるいは内地からの人口移動は伏流水のように静かに進行している。一方では、過疎化・高齢化が進み地方は崩壊する、見ろこれがお前の町の数字だとの脅迫めいた言説もあるが、流れは一方的ではない。第3部では「新たな労働力移動の波」と題して、新規農家としての移住や農業労働者としての移住の例が女性研究者のみずみずしい感性で描かれている。担い手対策としての政策のバップアップもあり、新規参入者は増加しているが、そのなかには従来とは異なった発想を持つ家族がかなりいる。「儲けより生活」という考えである。農家になって自営業をやるより、雇用される方が良いという人も増え、流動的な労働人口の増加も見られる。紹介したように、「丘の景観がいい」といって内地からやってくる人も思った以上に増えている。

農家の減少は激しいが、かつてのように挙家離農で廃屋だけが残るという形態は減り、在村離農が主流である。倒産離農も減り、高齢化による廃業が中心であり、結果として高齢農家が「高齢世帯」となって残っている。農村に非農家が多く住むようになっているわけで、これは北海道にとって初めての経験である。従来の小規模な農村市街地と点在する専業農家群からなる北海道の農村に、市街地以外の場所、いわば「純・純農村」に非農家が居住するという「混住社会化」が進んでいるわけである。もちろん、地域差が大きく、北・東へ行く程、非農家の居住は難しい。ともあれ、北海道でも専業農家のみが生き残るという植民地の時代は終わったのである。

そうなると、これまでの営農中心で経済的な安定を目指せば生活も向上するという定式では済まなくなる。農村市街地に存立する農協も営農だけではなく、生活・福祉などの領域に活動を広げざるを得なくなる。植民地的な男の世界から女性、外部からの移住者をも含めた営農・生活の両面を考えなければならない、そういう新しい局面に今はある。

部会型の営農販売体制に地域密着型の生活販売体制をプラスする

北海道の農協は酪農専業地帯や一部の都市型農協を除くと、畑作は小麦、ビート、馬鈴しょ（、豆類）、水田作は稲作に小麦・大豆を基幹とし、これに野菜類を加える複合経営である。機械化は野菜にも及んでおり、機械の高度化に対応して個別経営の規模拡大も進んでいる。こうした複合経営を支えているのが作物別の生産部会であり、それと直結した農協の営農・販売部署である。

この間、農家の農業固定資産は1戸当たり平均で1990年の1,077万円から2015年の1,615万円まで増加している（**表1**）。その全道の合計額はいささか杜撰な推計であるが1万279億円から6,169億円へと推移している。これに対し、農協の有形固定資産は同期間で1,673億円から2,112億円に増加しているが、原価償却を控除する前の現有資産価値は3,366億円から6,796億円へと巨大なものになっている。農家の固定資産総額は不確定要素が多いがそれを基準とすると、農協の現有固定資産はその水準に並ぶまでに増加を見せている。内容のさらなる吟味は必要であるが、農家の機械・施設に匹敵する農協の集出荷・加工調製施設の充実がみられるのである。

ここからは、農家の品目別の生産と農協の受け入れ施設がインテグレートされており、それを生産部会がつないでいる構造を見て取れる。わかりやすい例でいうと、GAPは個別ではなく部会でとる必要があるということである。

一方、北海道でも原料向けや移出向けの大ロットの農畜産物と

表1　農家と農協の固定資産くらべ

単位：億円

	農協の有形固定資産			農家の農業固定資産		
	出資金	有形固定資産	現有固定資産	1戸当り（万円）	センサス農家戸数	合計推定額
1990	1,213	1,673	3,366	1,077	95,437	10,279
1995	1,337	2,041	4,349	1,101	73,588	8,102
2000	1,404	2,300	5,212	1,221	62,611	7,645
2005	1,485	2,246	5,747	1,490	51,151	7,621
2010	1,497	2,174	6,286	1,472	42,990	6,328
2015	1,556	2,112	6,796	1,615	38,198	6,169

注1）『総合農協統計表』『農家経済調査』により作成。
　2）現有固定資産は有形固定資産に減価償却額を加えたもの。

は色合いを異にする農畜産物の生産・販売が始まっている。典型的には新規参入で小規模な園芸などを行うタイプがあり、農家のお母さんや嫁さんがちょっとした店を開いて面白い野菜や加工品を置いたりする起業のかたちもある。これらは、地域に密着した自給圏をターゲットとしており、農家の生活者的な感性をベースにしている。いわゆる6次産業化とは異なり、いきなり企業ベースの販売を目指すものではないので、二番煎じを恐れることもない。しかも、原料農産物一辺倒であった基幹作物にもいろいろなものが出てきている。小麦でもパン用の品種が増えているし、実取りトウモロコシも生産されるようになり、穀物が加工品のターゲットとなる時代になった。また、北海道の直売所はまだまだ弱いが、2000年に入って農協の購買店舗で「もぎたて市」、コープさっぽろで「ご近所やさい」の名前でインショップが設置されており、その売り上げは前者で7億7千万円、後者で17億5千万円にのぼっている（2015年）。

こうした新しい動きに一部の農協は手を差し伸べているが、それはごく限られている。定型化された部会型の営農販売体制にそぐわないことは確かであるから、地域密着型の生活ベースの販売体制をプラスすることを考えてはいかがであろうか。まことに細かい業務には違いないが、包装や輸送コストも低く単価は高いから、販売手数料率を10倍に引き上げても農家には利益がある。農協の担当者もおのずと異なることになる。思い切ってホクレンがセンターをつくることも十分可能な情報システムも形成されている。

合併によって成立した広域農協は、われわれが当初考えた「小さな本所、大きな支所」とはならなかった。典型としてのきたみらい農協をみると一定期間を経て業務の集中化と大胆なTACの導入を行い、大きな成果を示している（第1部の1）。しかし、次に来るのはこれまで述べた新しい動きに対応した生活をベースとした地域政策の推進であろう。

生産農協あるいは農家・農協コンプレックスをつくる

農協の組合員と職員の関係も変化している（**表2**）。正組合員戸数は1990年の9万2千から2015年には53％に当たる4万8千へと減少している。職員については、同1万8千人から70％に当たる同1万3千人となっている。その結果、職員1人当たりの組合員戸数は5・1人から3・9人となっている。それだけ濃密な関係となっているのであり、パートナーシップとしての関係は強化されている。

このなかで、農協が生産過程にまで介在するようになっているのが専業酪農地帯である。乳牛飼養頭数が増加を見せる中で、育成牛の

表2　農協組合員と職員

単位：戸、人、100、％

	正組合員戸数(A)	職員数(B)	金融・店舗を除く職員数(C)	減少率			戸数/職員	
				(A)	(B)	(C)	A/B	A/C
1990	92,027	17,905	11,362	100	100	100	5.1	8.1
1995	83,840	18,634	12,000	91	104	106	4.5	7.0
2000	72,184	15,681	10,562	78	88	93	4.6	6.8
2005	63,221	14,119	9,277	69	79	82	4.5	6.8
2010	54,929	12,892	9,066	60	72	80	4.3	6.1
2015	48,442	12,555	9,483	53	70	83	3.9	5.1

注1）『総合農協統計表』により作成。
2）2015年は店舗職員の数字を欠く。

飼育施設、ＴＭＲ、酪農ヘルパーなどの利用組合や農協直営部門が形成され、地域農業の支援システムが形成されている。さらに、外部参入による酪農経営の継承のための研修および就農支援も手厚くなっている。また、これとも関連してメガファームが農協出資を含め形成され、地域としての生乳量確保が図られている。浜中が最初のモデルであろうが、道東から新得や陸別などの十勝にも波及を見せている。農家と農協とのコンプレックスの形成といえよう。

北海道の中でも相対的に困難を抱えているのが水田地帯であろう。この地域は都市部との距離が近く、地域としての人口密度も相対的に高いので、地域密着型の生活販売体制の形成の可能性は高い。とはいえ、高齢化の進行度が高く、高齢者リタイア後の大量の農地供給が見込まれるため、それに対応した受け皿の形成が必要である。われわれは南幌町をモデルとして地域拠点型法人化の方向性を提起したが、必ずしも進展を見せていない。水田地帯は合併によって1農協当たりの正組合員戸数は比較的大きいが、大きな農協の中に小さな「生産農協」（それが法人形態をとろうとも協同性を有すること）が拠点として位置づけられる体制づくりは依然としてひとつの選択肢であると考えられる。

【関連研究】

（1）坂下明彦「経済・生活活動からみた北海道の農事組合の性格」柳村俊介・小内純子編著『北海道農村社会のゆくえ』農林統計出版、２０１９

(2)坂下明彦「総合農協の社会経済的機能―北海道の展開に注目して―」田代洋一・田畑保編『食料・農業・農村の政策課題』筑波書房、２０１９

あとがき

2016年1月から、北海道大学農学研究院に農林中央金庫からの寄付講座として「協同組合のレーゾンデートル研究室」が開設された。専任の教員は「申ちゃん」と「ケイチン」のふたりなので、協同組合学研究室の3人の教員と夥しく膨らんだ大学院生（大学院の研究室名は地域連携経済学）が一体となって盛り上げることにした。そこで、さっそく、このシリーズNo.1でもお世話になった北海道の農業専門雑誌『ニューカントリー』に院生（老若男女）と若手（途中で転出した正木さんを含め3名の教員）が各々の研究内容を2、3回連載するという虫のいい企画が始まった。2016年5月から始めて2019年3月まで、実に35回という長期連載になった。迷惑もかけたとは思うが、大学院での研究をまとまって発表した例はなく、これは面白いという評価も聞こえてきて、胸をなでおろした記憶がある。

協同組合学研究室の院生は、もともとは農学部からの持ち上がりが基本であった。朴紅さんが加わったことで韓国や中国の留学生が増加し、執筆者である藤田久雄さん（ホクレン出身）が入学したころからは社会人枠の院生が増えるようになった。そのため、出入りはあるが、坂下が社会人院生、朴が留学生、小林が現役院生という分担をとるようになった。院生はピークには30人を越えたので、研究室1つで大講座のようになった。院生のゼミ（協組シンポという）ではコミュニケーションをとるのが大変になったので、社会人院生を対象に「シニアの会」というのを作り、毎月例会で盛り上がった。そこから何かを始めようということで、アジア地域連携研究所が設立された。藤田会長、大森副会長、中村専務理事という株式会社である。

さて、寄付講座も2020年3月をもって廃止されることになったため、記念出版としてこの連載をもとに一部補充、追加を行って1冊の本にすることにした。「ガイア」批判のために援軍で加わった市場学研究室の清水池義治さんを含め総勢18名で、「もうすぐ」を含め博士修了者が11名、うち社会人院生5名、留学生3名、現役院生3名である。でき上ってみると、思った以上に農業や農村を見る目は共通しており、研究集団の体をなしているようである。私も含め「ふるい」ひとも多いが、もうひと踏ん張りということで、タイトルを協同組合研究のヌーベルバーグとした。

本書が出版にこぎつけたのは、連載時に度重なる締め切りオーバーを大目に見ていただいた『ニューカントリー』編集部の木田ひとみさんによるところが大きい。また、筑波書房の鶴見治彦さんにもあわただしい日程での出版をお願いした。お礼申し上げる。最後に、農林中金、同総合研究所、北海道農業サポート基金、アドバイザリー委員会委員の皆さまなど寄付講座を支援いただいた皆様にこの場を借りて感謝申し上げる。

2020年3月

編著者を代表して　坂下明彦

編著者・執筆者（執筆順）〔所属　大学院博士課程修了年　執筆分担〕

朴　　紅　北海道大学農学研究院准教授 編者、第4部のⅢ
小林国之　北海道大学農学研究院准教授 編者、第1部のⅠ
申　錬鐵　北海道大学農学研究院特任准教授 編者、第4部のⅠ
高　慧琛　北海道大学農学研究院特任助教 編者、第4部のⅢ
河田大輔　きたみらい農協営農部長　2016年修了（社会人）第1部のⅠ
大森　隆　北海スターチック会長　2016年修了（社会人）第1部のⅡ
藤田久雄　北海道地域農業研究所顧問　2016年修了（社会人）第1部のⅢ
正木　卓　弘前大学農学生命科学部助教 第2部のⅠ
中村正士　アジア地域連携研究所専務　2019年修了（社会人）第2部のⅡ
高橋祥世　自営（農業）　北海道大学農学研究院専任研究員
2018年修了 第2部のⅢ
渡辺康平　道総研十勝農業試験場研究員　2018年修了 第2部のⅣ
福澤　萌　自営（農業）　北海道大学農学研究院専任研究員
2018年修了 第3部のⅡ
鄭　龍暻　韓国農業振興庁農業研究所研究員　2018年修了 第3部のⅠ
李　雪蓮　中国安陽師範学院商学院講師 2018年修了 第3部のⅢ
黄　盛壹　北海道大学大学院農学院　2020年修了予定 第4部のⅡ
清水池義治　北海道大学農学研究院講師・市場学 第5部のⅠ（1～3）
山本謙治　農と食のジャーナリスト　2020年修了（社会人）第5部のⅡ

編集代表者

坂下明彦（さかした　あきひこ）
はじめに、第1部のⅡ・Ⅲ、第4部のⅡ、第5部のⅠ（4）、おわりに
北海道大学大学院農学研究院特任教授（協同組合学研究室）
1954年北海道生まれ。北海道大学大学院農学研究科を単位取得後、北海道大学農学部助手、助教授、教授を経て、2019年に定年退職。名誉教授。農学博士。専門は農業経済学、農協論、農村社会史。主著に『中農層形成の論理と形態――北海道型産業組合の形成基盤』御茶の水書房、1992、『北海道農業の地帯構成と構造変動』北大出版会、2006（共著）、『協同組合のレーゾンデートル』筑波書房、2016（共著）などがある。

シリーズ　協同組合のレーゾンデートル[2]

協同組合研究のヌーベルバーグ

院生・若手からの発信

2020年3月13日　第1版第1刷発行

編著者 ◆ 坂下明彦・朴　紅・小林国之・申錬鐵・高慧琛
発行人 ◆ 鶴見 治彦
発行所 ◆ 筑波書房
東京都新宿区神楽坂2-19 銀鈴会館 〒162-0825
☎03-3267-8599
郵便振替 00150-3-39715
http://www.tsukuba-shobo.co.jp

定価は表紙に表示してあります。
印刷・製本＝中央精版印刷株式会社
ISBN978-4-8119-0568-6　C0036